Die Kunst c

Ruth Enzler Denzler ist Psychologin, systemische Organisationsberaterin, Supervisorin und Coach. Sie hat Jura und Psychologie studiert und in Psychopathologie promoviert. Ihre langjährige Berufserfahrung reicht von der politischen Kommunikationsberatung bei einem Wirtschaftsdachverband bis zu verschiedenen Führungsfunktionen im Firmenkundengeschäft einer Schweizer Großbank. Sie hat bereits zwei Bücher veröffentlicht: Karriere statt Burnout und Keine Angst vor Montagmorgen. In Zollikon bei Zürich führt sie ihr eigenes Unternehmen Psylance AG, Ressourcen Management & Coaching.

Ruth Enzler Denzler

Die Kunst des klugen Umgangs mit Konflikten

Psychologie in Gedanken und Geschichten

Ruth Enzler Denzler
Psychologie und Psychopathologie
Universität Zürich
Psylance Ressourcen Management &
Coaching
Zollikon
Switzerland

ISBN 978-3-642-41778-8 ISBN 978-3-642-41779-5 (eBook)
DOI 10.1007/978-3-642-41779-5

Die Deutsche Nationalbibliothek verzeichnet diese Publikation in der Deutschen Nationalbibliografie; detaillierte bibliografische Daten sind im Internet über http://dnb.d-nb.de abrufbar.

Springer Spektrum

Planung und Lektorat: Frank Wigger, Meike Barth
Redaktion: Maren Klingelhöfer
Einbandentwurf: deblik, Berlin
Einbandabbildung: © Johan Swanepoel/Fotolia

Gedruckt auf säurefreiem und chlorfrei gebleichtem Papier

Springer Spektrum ist eine Marke von Springer DE. Springer DE ist Teil der Fachverlagsgruppe Springer Science+Business Media.
www.springer-spektrum.de

Geleitwort

Es wird heute viel von Burnout gesprochen. Damit bezeichnet man die moderne Form der Lebenskrise. Aufgrund des anhaltenden großen Drucks und der ständigen hohen Erwartungen brennt man schließlich aus. Typisch für diese zeitgemäßen Lebenskrisen ist, dass der Druck von außen und innen kommt. Der äußere Druck hängt mit der gesellschaftlichen Entwicklung zusammen. Dazu gehört die Beschleunigung, d. h., alles muss immer schneller erledigt werden. Dennoch oder gerade deshalb hat der Einzelne immer weniger Zeit für sich und steht unter permanentem Leistungsdruck. Am deutlichsten zeigt er sich in der Arbeitswelt. Die globalisierte Marktwirtschaft bewirkt einen unerbittlichen Konkurrenzkampf, dem alle Firmen ausgesetzt sind. Die Folgen davon spüren sowohl die Manager als auch die Mitarbeiter. Was zählt, ist letztlich immer der in Zahlen messbare Erfolg. Wer für diesen Wettkampf im Geiste der neokapitalistischen Ökonomie nicht fit ist, geht unter. Das Leistungsdenken verschont allerdings das private Leben nicht. Unter hektischer Betriebsamkeit leiden auch die Personen, die nicht oder nur in beschränktem Umfang einer bezahlten Arbeit nachgehen. Auch Hausfrauen und Mütter zum Beispiel können sich den vielfältigen Verpflichtungen nicht entziehen und sind täglich mit einem anstrengenden Multitasking konfrontiert. Viele Menschen fühlen sich in einer solch ruhelosen gesellschaftlichen Atmosphäre überfordert und geraten in eine Erschöpfung. Man darf geradezu von einer Erschöpfungsgesellschaft sprechen.

Es wäre allerdings falsch zu behaupten, die meisten oder sogar alle Menschen litten unter Stressfolgebeschwerden und Erschöpfung. Zwar sind alle durch die heutige Leistungs- und Erfolgsgesellschaft gefordert, aber nicht alle sind überfordert. Die Anfälligkeit (Vulnerabilität) und die Widerstandsfähigkeit (Resilienz) sind von Mensch zu Mensch unterschiedlich. Dies hängt unter anderem davon ab, in welchem Ausmaß und in welcher Weise der äußere in einen inneren Druck verwandelt wird. Führen die Erwartungen des Umfeldes zu hohen Selbstansprüchen, kann dies eine Überforderung hervorrufen. Je nach Charaktertyp sind diese inneren Antreiber – die Muss-Sätze, wie sie Ruth Enzler Denzler nennt – unterschiedlich ausgeprägt. Dadurch entstehen typenabhängige Konfliktmuster, und entsprechend differieren die Strategien, die in überfordernden Konfliktsituationen weiterhelfen. Hier nun bringen die Forschungsarbeiten von Ruth Enzler Denzler eine erhellende Perspektive hinein. Mit Hilfe ihrer empirischen Untersuchungen konnte sie drei markante und eingängige Typen formulieren: den sozialen, den Erkenntnis- und den Ordnungsstrukturtyp. Sie lassen sich unter anderem durch die inneren Antreiber und die spezifischen Konfliktrisiken charakterisieren. Ruth Enzler Denzler zeigt prägnant auf, wie jeder Typ sich in Beruf und Leben weiterentwickeln und wie er zukünftige Überforderungssituationen vermeiden kann. In ihrem Buch bekommt man auch einen aufschlussreichen Einblick in die Arbeit eines Coachs und Beraters. Hier spürt man ihre reiche praktische Erfahrung, und der Leser kann bestens nachvollziehen, wie ein Coaching abläuft und der Betreffende gefordert und herausgefordert wird.

Am besten lernt man anhand von Beispielen. Das Buch von Ruth Enzler Denzler ist eine wahre Fundgrube an praktischen Beispielen, und jeder Leser wird sich in den lebendig beschriebenen Personen wiederfinden, in der einen mehr und in der anderen weniger. Dies bietet ihm die Chance, sich in Bezug auf seine beruflichen und privaten Schwierigkeiten ehrlicher zu beurteilen und besser zu verstehen. Das ist der erste Schritt, um das eigene Konfliktmanagement zu überdenken und zu verbessern. Man wird aber auch vieles am Verhalten seiner Teammitglieder und Vorgesetzten besser einordnen und damit eine neue Toleranz aufbauen können. Was das Buch einem natürlich nicht abnehmen kann, ist, die Anregungen im Alltag umzusetzen. Dazu, seine bisherigen Verhaltensmuster zu ändern, ist jeder in Selbstverantwortung aufgerufen. Das beharrliche tägliche Training bedarf eines Durchhaltewillens sowie der Überzeugung, damit authentischer zu werden, das heißt, mehr so zu werden, wie man ist. Ein Coach, Berater oder Psychotherapeut kann dabei behilflich sein.

Ich kann das Buch allen, die ihre Kompetenz im Umgang mit Konflikten und den heutigen hohen Anforderungen stärken wollen, vorbehaltlos empfehlen.

Dr. med. Toni Brühlmann
Facharzt FMH für Psychiatrie und Psychotherapie, ehemaliger Klinikleiter der Privatklinik Hohenegg und derzeitiger Leiter Ambulantes Zentrum Zürich

Vorwort der Autorin: Was will dieses Buch?

In meinem letzten Buch „Keine Angst vor Montagmorgen“ habe ich ansatzweise begonnen, Menschen die psychologische Seite des Alltags – Probleme und Lösungsansätze – in Form von Kurzgeschichten näherzubringen. Das führe ich mit diesem Buch weiter fort und eröffne damit auch einem psychologisch interessierten Laienpublikum den Zugang. Die Psychologie ist die Lehre vom menschlichen Erleben und Verhalten. Natürlich erlebt und interpretiert jeder von uns die Dinge unterschiedlich, und jeder hat seine eigene Sicht auf die Welt. Daraus resultiert individuelles Verhalten, leiten sich Empfinden, unterschiedliche Ängste, Bedürfnisse, Motive und Lebensthemen ab. Dies führt wiederum zu unterschiedlichen Konfliktsituationen, die für die einzelnen Akteure stressauslösend sind und die Lebensqualität stark einschränken können. In meinen beiden früheren Büchern habe ich auf wissenschaftlicher Basis drei verschiedene Persönlichkeitstypen herausgearbeitet, auf die ich mich auch in diesem Buch beziehe. Diesmal sollen psychologische Einsichten anhand von Geschichten auf neue, spannende Art und in gut nachzuvollziehender Weise vermittelt werden. Die Hauptakteure in den Geschichten repräsentieren die klassischen drei Verhaltensmuster, dargestellt durch Gedanken, innere Monologe, Ideen, Haltungsgrundsätze und durch das Verhalten, vor allem im Umgang mit Konflikten.

Da ist der *soziale Typ*, der das Bedürfnis hat, allen alles recht zu machen oder möglichst von allen geliebt zu werden. Er strebt nach menschlicher Verbindung, Anerkennung und Zugehörigkeit und genießt deshalb oft den Ruf, „Everybody's Darling" zu sein. Seine Angst ist es, aus dem sozialen Netz ausgeschlossen zu werden, er reagiert aus diesem Grund häufig mit Anpassung und Konfliktvermeidung. Um der Harmonie willen negiert er Probleme, er tut so, als seien sie nicht existent, auch wenn sie noch so offensichtlich auf dem Tisch liegen, weil „nicht sein kann, was nicht sein darf". So gerät er in innere Konfliktsituationen, weil er nicht selten das Leben von und für andere lebt. Als Spielball von Dritten erlebt er wenig Kontrolle über sein eigenes Handeln, was nicht selten zu Krankheitssymptomen führt. Spätestens dann muss er sich mit der Frage nach seinen eigenen Bedürfnissen auseinandersetzen. Sein Übungsfeld ist es, nein sagen zu lernen, sich von anderen abzugrenzen und seine eigenen Bedürfnisse getrennt von anderen wahr- und ernst zu nehmen.

Der *Ordnungsstrukturtyp* strebt nach Einfluss und Kontrolle. Sein innerer Anspruch lautet: „Erringe eine wichtige Position, behalte recht und werde bewundert." Seine Auftritte sind deshalb meist eloquent und charmant. Er denkt in Systemen und ordnet sich und andere darin hierarchisch ein. Er hat die Gabe, Systeme zu ordnen, zu organisieren, Recht zu setzen, zu strukturieren und in diesem Sinne vorwärtszubringen. Kritik bezieht er auf sich und empfindet Abwertung. Damit gerät seine Systemordnung durcheinander, weil er seine Position gefährdet sieht. Seine Abwehrmechanismen äußern sich in Schuldzuweisungen an Dritte, Verweis auf Reglements und Ablenkung auf ihm genehmere Themen. Auf diese Weise versucht er, seine Position im System zu sichern, recht zu behalten und seinen Selbstwert zu erhalten. Er genießt den Ruf einer durchsetzungsstarken, kämpferischen und charismatischen Persönlichkeit. Nicht selten verstrickt er sich in Machtkämpfe, und es scheint, als ob er nicht merkt, dass Dritte unter seinen Machtansprüchen und dem Willen, die Kontrolle über andere zu behalten, leiden. Oft lässt er ihnen nur die Wahl, „für oder gegen ihn" zu sein. Sein Übungsfeld ist die Stabilisierung des eigenen Wertes unabhängig von einer hierarchischen oder auch gesellschaftlichen Position.

Der *Erkenntnistyp* verinnerlicht das Leistungsprinzip, strebt aber auch nach innerer Entfaltung und kreativen Freiräumen. Er sucht Wissenszuwachs und Autonomie. Daraus ergibt sich der innere Anspruch: „Gib immer das Beste und gestalte dein Leben möglichst vielfältig und unabhängig." Seine Angst ist Stillstand, Routine und Einengung. Er reagiert darauf meist mit innerer Unruhe, Suche nach neuen Herausforderungen, hektischem und sprunghaftem Verhalten. Er ist in der Lage, alte Brücken abzubrechen, um gänzlich Neues anzufangen. Dies bringt ihm nicht selten den Ruf einer sprunghaften Natur, aber auch einer vielfältig interessierten, handlungsorientierten und begabten Person ein. Mit Konflikten geht er sachorientiert um und scheut die Auseinandersetzung nicht, wenn es um das Gelingen von Projekten geht. Dabei ist er sich oft nicht bewusst, dass Menschen mit anderen Weltbildern Mühe mit seiner Direkt-, Sachorientiertheit, Gradlinigkeit und seinen hohen

Leistungserwartungen haben. Durch dieses Verhalten wirkt er mitunter auf andere wie ein „Elefant im Porzellanladen“. Er weiß, was er kann, und braucht deswegen viel weniger die Anerkennung von Dritten. Dadurch gerät er mit anderen in Konflikt, weil sie ihn als egoistisch, kühl, zu leistungsorientiert, beflissen, ehrgeizig, geistig abwesend, rigide, ungeduldig und gehetzt erleben. Dritte können durch seinen sicheren und zielstrebigen Auftritt verunsichert werden. Aus Angst vor Konflikten oder aus Angst zu unterliegen, gehen andere ihm lieber aus dem Weg, oder es entsteht ein Machtkampf. Auch innerlich kann sich der Erkenntnistyp überfordern, indem er seine Ziele zu hochsteckt oder, kaum ist ein Ziel erreicht, sich schon nach einem neuen umsieht. Das Übungsfeld des Erkenntnistyps ist, innere Gelassenheit zu erlangen, aus der Ruhe heraus zu agieren, loszulassen und einmal fünfe gerade sein zu lassen.

Jeder von uns wird sich vorrangig einem Typus zuordnen, sich in den folgenden Geschichten mit der einen oder anderen Figur identifizieren können und mit ihr seine eigenen inneren Anforderungen und Bedürfnisse erkennen. An ganz alltäglichen Geschichten möchte ich beleuchten, welche Problemstellungen sich immer wieder – je nach Typ – im gesellschaftlichen Umfeld auftun und wie man sich klug auf diesem sozialen Glatteis bewegt. Konflikte sind oft nicht nur auf persönliche Animositäten zurückzuführen, sondern haben viel mit unterschiedlichen Weltbildern und persönlichen Grundwerten zu tun. Kenne ich mein Weltbild, meine Grundbedürfnisse und auch die der anderen, so kann ich mit eventuellen Unterschieden konstruktiv umgehen, Stress vermeiden, Konflikte klug lösen und so das eigene Wohlbefinden stärken. Mit Verhaltensveränderungen muss man allerdings bei sich selbst beginnen. In den hier erzählten Geschichten geschieht dies im Rahmen einer therapeutischen Beziehung. Zusammen mit der Psychologin Sophia beginnen die einzelnen Akteure ihre eigene Lebenshaltung zu überprüfen, sie lernen ihre Ängste kennen und entwickeln eine veränderte und nützlichere Art, mit schwierigen Alltagssituationen umzugehen. Im Dialog entwickeln sie nach und nach einen eigenen, inneren Coach, den sie im Sinne des Selbstmanagements befragen können. Wir alle können lernen, innezuhalten, zu reflektieren und in inneren Dialogen mit uns selbst einzutreten. Wir entwickeln dann ein achtsames und waches Gegenüber in uns selbst. Die Voraussetzung dazu ist, dass wir neugierig und ehrlich zu uns selbst sind.

Die Geschichten in diesem Buch geben aber auch Aufschluss darüber, was in einer psychologischen Beratung abläuft und wie Einsichten und Verhalten verändert werden können. Weil es sich bei meinen Beispielen um alltägliche Situationen handelt und keine schwerwiegenden psychischen Erkrankungen thematisiert werden, haben die Geschichten oft einen positiven Ausgang. Dennoch möchte ich anhand einer Geschichte auch die Grenzen eines solchen ambulanten Gesprächssettings aufzeigen. Der psychologisch interessierte Leser findet nach jeder Geschichte zusammenfassend eine vertiefte Deutung des Geschehens sowie am Ende des Buches einen knappen Theorieteil, einen Selbsttest und eine Grafik des Typendreiecks.

Anmerkung zum Schluss: Die Fallgeschichten entstammen nicht aus meiner eigenen Praxis. Auch „Sophia" ist meiner Fantasie entsprungen und trägt als Figur nur wenige autobiographische Züge. Die hier zusammengetragenen

Geschichten sind eine Verdichtung von Erlebtem und Erfahrenem. Der Leser, der sich in der einen oder anderen Figur wiederzuerkennen glaubt, kann davon ausgehen, dass dies reiner Zufall ist. Es wäre dies lediglich ein Hinweis, dass er nicht der Einzige ist, der solche Geschichten erlebt, und dass es sich bei den Figuren um ganz normale Menschen aus dem alltäglichen Leben handelt.

Zollikon
30. September 2013

Ruth Enzler Denzler

Empfehlung der Autorin an den Leser

Bevor der geneigte Leser in die Materie dieses Buches einsteigt, empfehle ich ihm, direkt zum Anhang überzugehen und den dort aufgeführten Fragebogen auszufüllen. In einem zweiten Schritt, nach der persönlichen Auswertung, kehren Sie an diese Stelle des Buches zurück und lassen die Psychologie in Gedanken und Geschichten auf sich wirken. Ich wünsche Ihnen viele interessante Begegnungen und Aha-Erlebnisse mit sich selbst!

Danksagung

Dass dieses Buch auf eine angenehme und unaufgeregte Art hat zustande kommen können, verdanke ich in erster Linie meinem langjährigen Lebenspartner und Mann Jörg Denzler. Er hat mich immer wieder motiviert und auch ganz praktisch dafür gesorgt, dass ich während des Schreibens immer genug und ausgezeichnete Mahlzeiten zu mir genommen habe. Als Sounding Board war er zusammen mit meinem besten Freund Eduard Witta sehr wertvoll. Sie waren die Ersten, die die Rohfassungen meines Buchs zu Gesicht bekommen und eingehend begutachtet und kommentiert haben. Dörthe Binkert, die Lektorin meiner ersten Bücher und selbst erfolgreiche Romanautorin, verdanke ich die erfolgreiche Verlagssuche. Sie hat mit mir das Buchkonzept bei Kaffee und Kuchen eingehend diskutiert und geholfen, meine Gedanken zu ordnen. Immer wieder hat sie mich emotional unterstützt und ermutigt, an diesem Buch dran und auch bei meiner ursprünglichen Idee zu bleiben. Ein weiteres Dankeschön geht auch an den Philosophen, Publizisten und Journalisten Stephan Wehowsky. Er hat mir in einigen Gesprächen geholfen, meine Ideen ausgereifter und klarer zu formulieren. Schließlich gebührt auch dem Logiker, Philosophen, Systemiker und Wissenschaftstheoretiker Matthias Varga von Kibéd ein herzlicher Dank. In zahlreichen Seminaren ist er mir ein hervorragender Lehrer in der Schulung meiner Intuition bei gleichzeitig logischem Denken gewesen. Er ist der geistige Vater meines Konzeptes der drei Typenmuster. Bei ihm und seiner Frau Insa Sparrer habe ich von diesem Grundkonzept im Sinne von Glaubenspolaritäten – also der primären Ausrichtung eines religiösen Systems nach Erkenntnis, Liebe oder Ordnung – gehört. Später habe ich dieses Konzept in meiner Dissertation nachweisen können. So konnte ich auf dieser Grundidee wissenschaftlich aufbauen und das Konzept dieser drei Grundbegrifflichkeiten weiter differenzieren und vertiefen. Heute spielt es bei meinen Seminaren und im Coaching eine bedeutende Rolle. Auf die weiteren Gespräche mit Matthias und Insa freue ich mich. Last but not least gehört ein weiterer Dank dem erfahrenen Klinikleiter, Psychiater und Burnoutspezialisten Toni Brühlmann. Er hat sich eingehend mit meinen bisherigen Büchern beschäftigt und mit mir darüber bereichernde Diskussionen geführt. Schließlich hat er sich freundlicherweise bereit erklärt, für mein jüngstes Buch ein Vorwort zu schreiben. Für mich ist es wunderbar, dass die vielen Menschen, denen ich auf meinem Weg hierhin begegnet bin und die mich in meinen Ideen unterstützt und weitergebracht haben, auch künftig in meinem Leben eine wertvolle und aktive Rolle spielen.

Inhalt

1 Wie Menschen des sozialen Typs mit Konflikten umgehen

1.1 Ein pensionierter CEO lehrt den Tanz

Du meine Güte, so viele Seifen! Was steht hier auf dem Zettel? Irgendwas mit „U“ oder „V“ oder eher „N“? Nivea, ich nehme doch einfach Nivea, die kenne ich noch von früher, das kann nicht so falsch sein. Aber … Hier gibt's noch eine, die ist handgemacht, und eine, die soll biologisch sein. Die kosten aber das Doppelte … Der Duft ist noch wichtig. Nicht zu stark, aber etwas darf sie schon duften, die Seife, finde ich. Hier steht „Blütenduft“, oder doch lieber fruchtig oder würzig? Oh, und da gibt es noch Flüssigseife. Hm, aber Flüssigseife habe ich bisher in unserem Haushalt noch nicht gesehen. Oder habe ich nur nicht darauf geachtet? Ich sollte einfach besser aufpassen. Ich wasche mir jeden Tag die Hände und weiß nicht mal, mit welcher Marke. Eva hat mir ausdrücklich gesagt, dass sie nur diese eine Marke will, genau die, eine andere bräuchte ich nicht nach Hause zu bringen. Wenn ich doch nur besser hinhören würde. Sie weiß wohl, dass ich manchmal gedanklich abwesend bin, deshalb hat sie mir ja auch einen Einkaufszettel mitgegeben. Also nochmals „U“, „V“ oder „N“? Vielleicht frage ich jemanden. Ich glaube, wenn eine gut aussehende Dame mir eine Seife empfiehlt, ihre Lieblingsmarke, dann kann doch Eva nichts dagegen haben. Ich meine, so eine Seife hält ja auch nicht ewig. Ich könnte ja nur mal eine mitnehmen, so für den Notfall. Beim nächsten Einkauf schreibe ich mir dann selbst die Marke auf.

Wenn ich früher in der Revisionsgesellschaft so lange für eine Entscheidung gebraucht hätte, ich glaube, wir wären Pleite gegangen. Damals war ich entscheidungsstark. Da habe ich mich auch nicht mit Handseifen abgegeben. Welche Marke hatten wir denn eigentlich im Geschäft? Keine Ahnung, ich weiß nicht mal, ob sie geduftet hat und wonach. Aber sauber sind sie geworden, meine Hände. Eva wird murren, ich weiß es schon. Ich werde das mit der Seife und wahrscheinlich auch das mit den Gurken vermasseln. Großes Glas, mittleres Glas, kleines Glas, was weiß ich denn, sie hat nur „Gurken" geschrieben! Essiggurken oder Cornichons? Es soll zum Käseraclette sein. Haben wir jeweils größere oder kleinere Gurken dazu gegessen? Ich achte auf solche Dinge einfach zu wenig. Wie viele essen denn vier Personen? Gut, die halten ja wenigstens lange, dann gibt es bald halt noch mal Käseraclette. Also zwei große Gläser, einmal Essiggurken und einmal Cornichons. Was soll's! Gurke ist Gurke, und Seife ist Seife, und Eva ist Eva. Ich könnte ja noch ein paar Blumen mitbringen, dann ist sie vielleicht besser gestimmt. Welche Blumen mag sie eigentlich? Meine Sekretärin mochte Frühjahrssträuße, Tulpen und Narzissen. Aber Eva? Was ist für sie schlimmer: die falschen Blumen oder gar keine? Vielleicht Pralinen statt Blumen. Pralinen, das ist einfacher. Da gibt es nur hell, dunkel oder weiß. Aber ihre Linie, sie achtet neuerdings auf ihre Linie. Himmel, seit unsere Firma von den Amerikanern übernommen wurde und ich meinen

CEO-Job los bin, ist nichts mehr wie früher. Eva ist nie zufrieden, Eva schimpft, meckert, Eva achtet auf ihre Linie, Eva vermisst die großen Vernissagen, Opernbälle und Einladungen mit prominenten Gästen. Mit 57 Jahren sozusagen in Rente. Aus, vorbei, ab nach Hause. Hier eine Null, von nichts eine Ahnung. Im Grunde die totale Freiheit, stattdessen ein großes Seifen- und Essiggurkenproblem. Das bisschen Haushalt, ist das so schwierig zu managen? Das hätte ich mir ja auch nicht träumen lassen. Wo bin ich stehen geblieben? Ach ja, die Seife.

Erich bringt weder die gewünschte Seife noch die richtigen Gurken und schon gar nicht einen geeigneten Schmelzkäse nach Hause. Blumen sind im Garten zu Hauf, die hätte er auch einfach abschneiden und in eine Vase stellen können.

Erich war mein Traummann. Er hat eine vielversprechende Karriere begonnen, und ich konnte zu ihm aufblicken. Ich konnte mich an ihm orientieren. Er war stets der Stärkere, der Klügere und Selbstsicherere. Seit seiner Kündigung ist er ein anderer Mensch. Hilflos, wie ein Baby. Kaum mehr vorstellbar, dass der eine Firma geleitet hat. Ich habe Kinder gehabt, habe sie erzogen und auch zum Einkaufen geschickt. Nun geht dasselbe Prozedere mit meinem Mann los. Ich kann ihn nicht zum Einkaufen schicken. Er hört nicht hin, er stellt sich dusselig an und bringt absichtlich nicht das nach Hause, was ich ihm aufgetragen habe. Wie die Kinder früher auch! Ich habe dann meist alles selbst erledigt, weil mir das Erklären und Streiten auf die Nerven ging. Und jetzt auch noch Erich! Da sind die Kinder endlich erwachsen, Ruhe ist im Hause eingekehrt, hier herrscht nun Ordnung, und was geschieht? Ich habe meinen Mann, ein erwachsenes Kind, daheim am Hals. Immer lächelnd, achselzuckend, entschuldigend. Ich fahre aus der Haut, und er meint: „Ach Schatz, dann gehe ich halt noch mal hin und hole noch ein paar in Essig eingelegte Maiskolben." Wie soll ich da Achtung haben vor so einer Memme? Das ist gar kein Mann, das ist kein Gegenüber, das ist ein, ein Zwerg, nein, eine Null! Gut, es hat auch noch eine andere Seite. Er macht doch tatsächlich, was ich sage. Stets bemüht und lächelnd. Wie früher seine Sekretärin. Ist doch irgendwie irre, dass ein ehemaliger CEO nun nach der Pfeife seiner ehemaligen Tanzlehrerin tanzt. Ich kann ihn zwei-, dreimal in dasselbe Geschäft wegen Seife, Käse oder Gurken schicken, und er tut's ohne Widerrede. Hauptsache, ich bin dann zufrieden, schenke ihm ein Lächeln und sage: „Gell, so einfach ist es doch nicht, den Haushalt zu führen, wie du immer meintest?" Besser spät als nie, denke ich, dass der einmal sieht, was ich all die Jahre geleistet habe! Dabei hat er noch nicht mal alles gesehen, was es zu tun gibt. Da bringt er mir Blumen, solche, die wir im Garten haben. Der schaut ja gar nicht hin! Jede Tulpenzwiebel habe ich eigenhändig gesetzt. Und er sieht nicht mal, dass bei uns im Garten Tulpen und Narzissen blühen! Das bringt mich auf die Idee, dass mein nächstes Projekt mit ihm, der Garten sein wird …

Erich mäht nun auch den Rasen, schneidet Bäume und Hecken und jätet das Unkraut zwischen den Tulpen und Narzissen – ohne Widerrede, stets um die Harmonie bemüht. Seine Freunde ziehen sich zurück, oder zieht er sich zurück? Er weiß es nicht mehr. Es kam so schleichend. Zunächst geht er donnerstags mit ihnen weiterhin zum Schwimmen und zum Abendessen. Dann wird er an den Donnerstagen nervös, weil er bei Eva an diesen Tagen eine besondere Gereiztheit zu erkennen glaubt. Die Freitage danach ist sie besonders zänkisch, und er kann ihr überhaupt nichts recht machen. Er denkt nach und kommt zum Schluss, dass er wohl besser auch an den Donnerstagen zu Hause bleibt. Ist ja auch in Ordnung. Früher war er beruflich so viel unterwegs, dass es wohl gut ist, endlich sesshaft und ruhiger zu werden. *Aller Anfang ist zwar schwer, aber ich werde mich daran gewöhnen*, so denkt Erich.

Erich bekommt zunehmend starke Kopfschmerzen. Zunächst schiebt er sie auf bestimmte Wetterlagen. Dann geht er zum Neurologen, weil er glaubt, dass vielleicht doch eine ernste Erkrankung die Ursache sein könnte. Schließlich hat er bei sich auch Schwierigkeiten in der Konzentrations- und Merkfähigkeit festgestellt. Auch, dass er nachts manchmal unruhig schläft und verschwitzt aus Albträumen erwacht, vertraut er dem Neurologen an. Die Untersuchung ergibt allerdings keinen medizinischen Befund. Der Neurologe fragt lakonisch: „Leiden Sie unter Stress?" Erich schüttelt heftig den Kopf und klärt den ernst blickenden Arzt auf: „Ich bin ja gar nicht mehr im Arbeitsprozess, sondern lerne gerade, wie man einen Haushalt führt, also wieso sollte ich Stress haben?" Der Arzt klopft ihm freundschaftlich auf die Schulter und meint: „Wenn Sie Ihr Kopfweh loswerden und wieder gut schlafen wollen, dann akzeptieren Sie, dass Sie in einer tiefgreifenden Lebenskrise stecken, und suchen Sie mit professioneller Hilfe eine Lösung, um einen Weg da heraus zu finden." Der Arzt gibt dem verdutzt dreinblickenden Erich ein paar Adressen von Psychotherapeuten. Nach einiger Zeit, als das Kopfweh noch stärker wird, entschließt sich Erich, die Psychologin Sophia aufzusuchen.

„Was ist Ihr Anliegen, worum soll es heute gehen?" Sophia stellt diese Frage manchmal auch in der allerersten Sitzung. Erich nestelt nervös an seinen Händen. „Nun, ich habe öfters Kopfweh und mein Neurologe meint, Sie könnten mir helfen." Dann schweigt Erich, auch Sophia sagt einen Moment gar nichts, sondern schaut Erich aufmerksam an. „Ja, ich habe auch Albträume, und die sind unangenehm, weil ich stark schwitzend erwache und dann oftmals nicht mehr einschlafen kann." Erich blickt nervös zu Sophia und bereut einen Moment lang hergekommen zu sein. *Was will sie denn von mir hören? Wie krank muss ich sein, damit sie mir hilft? Bin ich hier richtig? Ich bin es nicht mehr gewohnt, so lange ohne Unterbrechungen zu sprechen und Sprechpausen auszuhalten. Eva hätte schon lange etwas gesagt. Wie soll ein anderer Mensch durch bloßes Zuhören etwas gegen mein Kopfweh tun können? Die kann ja nicht mal ein Medikament verschreiben. So weit ist es mit mir gekommen, dass ich nun eine Psychotante aufsuchen muss. Du meine Güte, da bin ich 12 Jahre lang CEO, und jetzt sitze ich hier und bringe kaum einen Satz heraus. Ja, so tief bin ich gefallen.*

„Wann fühlten Sie sich denn zum letzten Mal etwas wohler?", fragt Sophia in die Stille. „Ich weiß nicht, ich habe einfach seit ungefähr einem Jahr starke Kopfschmerzen und Albträume", meint Erich langsam. „Oh, und vorher war alles in Ordnung?" „Nun ja, schon. Albträume und schlecht geschlafen habe ich immer mal wieder, aber diese starken Kopfschmerzen kenne ich eigentlich nicht. Können Sie mir denn sagen, wie ich das Kopfweh loswerde? Haben Sie einen Tipp, was ich dagegen tun kann?", fragt Erich verunsichert. „Nun, vielleicht enttäusche ich Sie gerade zu Beginn unserer Sitzung. Doch will ich Ihnen sagen, dass ich Ihnen keine allgemeinen Rezepte ausstellen kann, die Ihr Kopfweh zum Verschwinden bringen. Sie waren ja beim Arzt, und Medikamente haben nicht geholfen, so dass wir annehmen können, dass Ihr Kopfweh stressbedingt ist beziehungsweise eine psychologische Ursache hat. Diese jedoch ist bei jedem Menschen unterschiedlich. Also Ihr Kopfweh ist wahrscheinlich mit dem Kopfweh eines anderen Klienten nicht vergleichbar. Wenn ich Ihnen nun sagte, dass bei einem meiner Klienten Yoga geholfen hat, wären Sie dann zufrieden und würden denken, ‚dann hilft mir das sicher auch'?" Erich ist nun fast sicher, dass dies hier nichts bringen wird.

Dachte ich mir das doch, die redet sich raus. Yoga, nein, Yoga wäre nichts für mich, körperliche Verrenkungen und alles nur Frauen in den Kursen. Das ist höchstens etwas für Weicheier. Und Eva wäre sicher auch dagegen. Laut sagt er: „Ja, Yoga wäre wohl nichts für mich, da ist ziemlich sicher ein sehr großer Unterschied zwischen mir und ihrem anderen Klienten." „Sehen Sie", meint Sophia, „dann wollen wir doch zusammen darüber nachdenken, was für Sie persönlich ein guter Weg sein könnte, um eine Möglichkeit zu finden, was Ihnen guttut." *Was mir guttut. Das hat mich auch noch nie jemand gefragt. Im Geschäft habe ich geschaut, dass alles läuft, und daheim sehe ich zu, dass die Kirche im Dorf bleibt und Eva zufrieden ist. Was mir guttut? Mir? Köstlich. Da bin ich nun 58 Jahre und denke nach, was mir guttut.* „Daher ist es nützlich, wenn wir herausfinden, was das Kopfweh eher stärker macht, wann es auftritt, wann es weniger wird und wann Sie sich wohlfühlen", fährt Sophia fort.

Die Stunde vergeht wie im Flug, und Erich bucht eine weitere Stunde bei Sophia. Er will mehr wissen. *Kann es sein, dass mein Kopfweh tatsächlich mit meiner jetzigen Lebenssituation zusammenhängt? Ist es möglich, dass ich früher als CEO mehr Sinn in der Arbeit sah als im Unkrautjäten? In welchen Situationen hatte ich denn früher Kopfweh? In den Ferien. Ja, auf einer vierwöchigen Kreuzfahrt mit Eva. Ich dachte, das sei die unruhige See. Könnte es sein, dass ich schon damals meinen Beruf vermisste? Dass mir solch langen Ferien im Grunde nicht guttaten, ich sie langweilig fand? Wer hatte eigentlich diese Idee mit der Kreuzfahrt? Die hatte ich doch. Halt, erst als ich die Prospekte entdeckte. Genau! Auf meinem Schreibtisch lagen Prospekte der Hanseatic Hapag-Lloyd. Unübersehbar. Ich glaubte, Eva habe sie absichtlich dahin gelegt, damit ich den Wink mit dem Zaunpfahl verstehe. Daraufhin habe ich die Prospekte durchgeblättert und eine ganz passable Reise durch die Südsee entdeckt. Diese habe ich ihr dann vorgeschlagen. Zunächst hat sie gezögert, weil die Preise so hoch waren. Dann aber hat sie gemeint, dass sie dort sicher ihren neuen Badeanzug gut gebrauchen könne, und eingewilligt. Im Grunde wusste ich gar nicht, ob sie die Unterlagen der Reise auf meinen Schreibtisch gelegt hat. Doch ich war damals viel unterwegs und hatte ein schlechtes Gewissen, weil ich ständig auf Geschäftsreisen war. Ja, ich glaube, ich wollte Eva einfach eine Freude machen. Und ich? Wohin wäre ich denn lieber in die Sommerferien gereist? Keine Ahnung. Das habe ich mich noch nie gefragt. Erich, was würde dir denn gefallen? Gut, dass mir diese Frage bisher noch niemand gestellt hat, er hätte nur ein Achselzucken zur Antwort bekommen.*

Erich denkt auf der ganzen Heimfahrt über solche Fragen nach. Er beginnt nun immer mehr, sich über sich selbst Gedanken zu machen.

„Brot? Hätte ich Brot kaufen sollen? Daran habe ich nun wirklich nicht mehr gedacht! Ja, ja typisch. Eva, ich werde dir jetzt mal was sagen, was typisch ist: Ich hätte ein Brot gekauft, das dir schmeckt. Hätte mir im Laden das Hirn zermartert, um herauszufinden, ob du ein helles, dunkles, körniges, eins ohne Körner, mit oder ohne Nüssen, ein langes oder kurzes, ein schmales, eckiges oder lieber ein rundes möchtest. Dann wäre ich mit einem Brot gekommen, von dem ich angenommen hätte, dass ich es irgendwie schon mal in unserer Küche gesehen habe, und du hättest es mir um die Ohren gehauen und gesagt: ‚Erich, heute ist Freitag und morgen Samstag und am Wochenende will ich Zopf essen!' Genau so wäre es gekommen! Und keinen von uns beiden hätte es gekümmert, ob *ich* Zopf gerne mag." „Ja, magst du denn Zopf nicht?", entgegnete Eva. „Was weiß denn ich, ich weiß es doch gar nicht!" „Aha! Und was genau hast du nun gegen unseren Zopf am Wochenende?" „Nichts!" „Aha! Und was soll ich nun mit deinem Gezeter anfangen?" „Nichts!" „Aha! Dann ist's ja gut. Ich dachte schon, die Psychotante hätte dir eingetrichtert, du sollst kein Brot mit nach Hause bringen, sondern dieses Thema lieber mit mir ausdiskutieren. Das hätte die ja dann wohl geschafft." „Ach, lass mich, ich habe Kopfweh!" „Ja, ja, immer, wenn wir mal was Ernsthaftes diskutieren, kriegst du Kopfweh und ziehst dich so aus der Affäre."

Irgendwie läuft es gar nicht gut. Jetzt habe ich es endlich geschafft, mein Thema auf den Punkt zu bringen, da lande ich doch beim Sonntagszopf und ob ich den gerne mag. Seit dreißig Jahren esse ich samstags und sonntags Zopf, und jetzt beginne ich, daran zu zweifeln, und überlege, ob ich Zopf überhaupt mag. Wie bescheuert muss denn das für einen anderen klingen? Na gut, wenigstens kann ich in mein neues Tagebuch eintragen: „Kopfschmerzen wegen Brotdiskussion."

Nach diesem Ereignis wird Erich stiller. Er beobachtet sich und Eva, studiert die Dynamik, die sich zwischen ihnen beiden entwickelt hat, und merkt, wie viel er für sie tut, ohne zu fragen, ob sie dies überhaupt will. Und ob er etwas will, diese Frage stellt er sich schon gar nicht. Vieles erledigt er in vorauseilendem Gehorsam, und viele ihrer Ansprüche erfragt er nicht, sondern meint, er müsse doch nach dreißig Jahren wissen, was Eva will. Er notiert fleißig in sein Tagebuch: „Kopfweh wird weniger bei Spaziergang allein durch den Wald. Die Schmerzen kommen schlagartig beim Betreten eines Geschäfts. Heute Besuch von Freunden bekommen, Kopfschmerzen wurden gegen Ende des Abends immer stärker, und geschlafen habe ich danach miserabel. Erkenne den Zusammenhang zwischen dem doch netten Besuch und dem Kopfweh nicht."

In den weiteren Stunden bei Sophia diskutieren sie über die Tagebucheinträge. Erich erkennt allmählich ein Muster: Einkaufen und Kopfschmerzen hängen irgendwie zusammen, Waldspaziergänge und Leichtigkeit im Kopf auch. Sophia meint: „Das ist gut, Erich, Sie haben erkannt, dass die Kopfschmerzen nicht immer da und auch nicht immer gleich stark sind. Es gibt also Unterschiede, und diese könnten mit Ihrer aktuellen Tätigkeit zusammenhängen. Es könnte aber auch sein, dass die Schmerzen mit ihren aktuellen Gedanken und Gefühlen zusammenhängen. Was geht Ihnen denn durch den Kopf, wenn Sie im Wald spazieren gehen, und was, wenn Sie beim Einkaufen sind?" Diese Frage überfordert Erich zunächst.

Gefühle? Gedanken? Gefühle? Die Frau will es aber genau wissen. Meine Gefühle. Habe ich je schon über meine Gefühle nachgedacht? Woran erkenne ich Gefühle? Im Geschäft hatte ich bei erfolgreicher Kundenakquisition ein richtig gutes Gefühl.

Erich schweigt betreten eine lange Zeit. Sophia lässt die Frage wirken und sagt nichts.

„Also, wenn ich im Wald bin, löst das irgendwie ein gutes Gefühl in mir aus, und wenn ich beim Einkaufen bin, ein nicht so gutes." „Was bedeutet für Sie gut?" „Gut halt, angenehm." „Wie äußert sich das? Was denken Sie dann? Was empfinden Sie? Woran erkennen Sie, dass es gut ist?"

Mir wird schwindlig. Was will sie denn noch? Meine Güte, ist die hartnäckig. Was will sie hören? Die hat was im Kopf, und ich soll das jetzt erraten, oder wie? Was sind das für Spiele? Kann die nicht normal mit mir sprechen? Woran erkennt man denn ein gutes Gefühl? Mensch, daran, dass es nicht schlecht ist, oder?

„Ich weiß es nicht." Sophia sagt nichts, sondern schaut ihn wach und interessiert an. Weil Erich die Stille kaum erträgt, fährt er fort: „Ich meine, im Wald, da atme ich die frische Luft ein und fühle mich frei. Ich muss es dort niemandem recht machen." „Sie müssen es niemandem recht machen", wiederholt Sophia langsam, „sondern?" „Nun, ich kann die Wege selbst auswählen, und ich kann auch einfach quer durch den Wald gehen, ohne auf dem Weg zu bleiben." „Nicht auf dem Weg bleiben", unterstreicht Sophia. „Ja, nicht auf dem Weg bleiben. Das klingt für mich gut. Nicht auf dem Weg bleiben. Das habe ich früher oft gedacht. Wissen Sie, ich habe meine Firma selbst aufgebaut. Wenn Sie wachsen wollen, dann können Sie nicht immer auf dem Weg bleiben. Sie müssen kreativ sein, neue Wege suchen. Trampelpfade sozusagen, dort durchgehen, wo noch niemand gegangen ist." Jetzt strahlt Erich über das ganze Gesicht, seine Stimme wird heller und lebendiger, seine Hände bewegen sich beim Sprechen. Sophia hält inne und meint: „Erich, merken Sie jetzt gerade im Moment, woran Sie ein gutes Gefühl erkennen?" „Ja, ich merke gerade eine Wärme in mir. Das nennt man wohl Freude. Und meine Kopfschmerzen sind ganz weg." „Ihr Kopf ist also leicht, und Sie spüren Wärme. Ja, ich kann das an Ihnen gut erkennen. Vielleicht könnten Sie darauf achten, welche Tätigkeiten bei Ihnen solche Gefühle auslösen, und diesen Tätigkeiten könnten Sie sich dann vermehrt zuwenden." „In den Wald gehen auf Abwegen?" „Ja, zum Beispiel, vielleicht gibt es aber auch noch anderes? Lassen Sie sich einfach überraschen und beobachten Sie weiter."

Erich erinnert sich: *Ich tanzte gerne. Dann habe ich schließlich sogar meine Tanzlehrerin geheiratet. Was ist daraus geworden? Die Kinder kamen, ein Haus wurde gebaut, der Beruf, ständiges Reisen, Arbeiten … Das Tanzen war plötzlich kein Thema mehr. Eva hat nie wieder in ihrem Beruf gearbeitet, nie wieder getanzt. Das muss ja schrecklich für sie gewesen sein. Ich habe nie danach gefragt. Gut, sie hat auch nie darüber gesprochen. Wir haben nie davon geredet.*

Erich geht noch viele Male durch den Wald. Er sucht immer wieder neue Wege, Wege, die er zuvor noch nie gegangen ist. Hält da und dort inne, lauscht, riecht den würzigen Waldboden und saugt die frische Frühjahrsluft in seine Lungen. Er versucht, die wohlige Wärme immer und immer wieder in sich abzurufen. Seine Kopfschmerzen werden weniger. Sie sind ihm jetzt eher eine Hilfe geworden, um zu unterscheiden, was ihm guttut und was nicht. Erich beobachtet seine Gedanken und schmiedet Pläne …

„Eva, was hältst du von Argentinien?" „Wie kommst du denn darauf?" „Einfach so. Da waren wir beide noch nie." „Du willst verreisen?" „Du etwa nicht?" „Ich weiß nicht."

„Woran würdest du denn merken, dass du es möchtest?" „Ach, Erich, bitte keine Psychologenfragen! Was soll ich in Argentinien?" „Was *wir* in Argentinien wollen? Ein neues Land sehen, eine neue Kultur?" Da lächelt Eva plötzlich und meint: „Tango!"

Eva und Erich gehen für sechs Monate nach Buenos Aires, besuchen verschiedene Tanzschulen und schließen mit vielen Menschen Freundschaft. Sie genießen die Ungezwungenheit und Unbeschwertheit der Lateinamerikaner, können nach einigen Anfangsschwierigkeiten auch mit deren Unpünktlichkeit leben und kommen zurück mit einem Rucksack voller Ideen.

Ein Jahr später eröffnen Eva und Erich eine Tanzschule für lateinamerikanische Tänze an ihrem Wohnort.

Psychologischer Hintergrund der Geschichte

Erich hat den inneren Anspruch, allen alles recht zu machen. Sein Bedürfnis ist die Zugehörigkeit, und seine Angst ist Ausschluss aus dem sozialen Netz. Sein Verhaltensmuster ist deshalb die Anpassung. Er unternimmt alles, um in Harmonie mit seiner Frau Eva leben zu können. Sogar bei Sophia fragt er sich in der ersten Stunde: „Was will sie denn von mir hören?" Konflikten weicht er aus, indem er sich in ein für ihn nicht recht passendes Leben fügt und allzu häufig Dinge tut, die er nicht mag. Er redet seine Handlungsweise schön: „Es ist gut, endlich sesshaft und ruhiger zu werden. Aller Anfang ist zwar schwer, aber ich werde mich daran gewöhnen." Kommt es dennoch von Evas Seite zu einer Aussprache, entzieht sich Erich mit dem Argument: „Ach, lass mich, ich habe Kopfweh!" Erich ist früher viel gereist und hatte dabei offenbar meist ein schlechtes Gewissen Eva gegenüber. Als sozialer Typ ist er automatisch davon ausgegangen, dass Eva ihn während seiner Abwesenheit sehr vermisst. Er glaubt also stillschweigend, zu wissen, was Eva fühlt und wünscht. Demzufolge bucht er, in vorauseilendem Gehorsam, für die Sommerferien eine gemeinsame Kreuzfahrt, um Eva eine Freude zu bereiten und sich damit für seine häufige Abwesenheit zu entschuldigen. Ausgesprochen hat er diese Absicht jedoch nicht. Weder hat er Eva tatsächlich gefragt, ob sie eine Kreuzfahrt machen möchte, noch hat er sich selbst gefragt, ob er Spaß daran hätte. „Die Hauptsache ist, der andere ist glücklich!"

Erich reagiert zunächst verdutzt auf Sophias Anregung: „Dann wollen wir doch zusammen darüber nachdenken, was für Sie persönlich ein guter Weg sein könnte, um eine Möglichkeit zu finden, was Ihnen guttut." Darüber hat er noch nie nachgedacht, was sehr charakteristisch für den sozialen Typ ist. Er gibt sich erst die Erlaubnis, darüber nachzudenken, als er Anzeichen einer Krankheit verspürt. Nicht selten sind körperliche Erkrankungen ohne medizinische Ursache Hinweise, dass etwas im Leben nicht mehr stimmt und Veränderungen nötig sind. Psychosomatische Erkrankungen haben damit in gewisser Weise einen Sinn. Im Laufe des Beratungsprozesses leiten sie den Betroffenen in eine neue Richtung. So auch bei Erich. Er beginnt sich zu fragen, wann seine Kopfschmerzen erstmals aufgetreten sind, wann sie heftiger und wann sie weniger stark oder überhaupt nicht vorhanden sind. Es ist somit gar nicht mehr sein primäres Ziel, die Schmerzen ganz loszuwerden, sondern – so eigenartig es klingt – sie sind für Erich zu einem Helfer auf seinem neuen Weg geworden. Ganz allmählich lernt Erich, was er für sich selbst braucht, damit sich sein Wohlbefinden einstellt. Die ersten „Gehversuche", seine Bedürfnisse zu formulieren, gleichen zunächst den unbeholfenen Schritten eines Tanzschülers. Der Erfolg bleibt am Anfang aus, er tritt Eva noch hie und da auf die Füße. Doch Erich lernt, Schritt für Schritt.

Evas innerer Monolog zeigt deutlich, dass sie es im Grunde bevorzugen würde, wenn Erich seine eigene Meinung sagen und sich ihr auch einmal widersetzen und einen Konflikt austragen würde. Sie hat das Bedürfnis, sich anzulehnen und zu ihm aufzublicken. Mit ihrer neuen Position als Führende und Überlegene fühlt sie sich im Grunde überfordert. Dank seiner Beobachtungsgabe und seiner sich langsam entwickelnden Achtsamkeit gewinnt Erich ganz allmählich neue, kreative Einsichten, und es gelingt ihm schließlich, sein Verhalten zu ändern. Ein neues und passenderes Leben kann beginnen – für beide Parteien.

1.2 Meine Psychologin muss Weißwein trinken

„Hast du Worte? Die sind verrückt geworden bei uns in der Bank. Eine Stimmung herrscht hier, das ist Krieg! Alle gegen alle! Heute in der Sitzung haben die mir doch glatt mein Projekt weggenommen. Das hat mit der Sache nichts zu tun. Nichts! Mein Team und ich sind super gut vorwärtsgekommen. So gut, dass dies sogar die Engländer bei uns gemerkt haben und sich nun einmischen. John hat unser Projekt in seines integriert und sich gerade als Leiter zur Verfügung gestellt. Dabei hat unser Projekt mit seinem inhaltlich gar nicht viel zu tun. Außerdem läuft unseres und seines ist pures Chaos. John hat mit diesem Antrag überrascht. Niemand hat auch nur ein Wort dazu gesagt. Ich habe Luft geholt, und bis ich wieder Worte gefunden hatte, war die Sache gegessen. Ich bin mir so blöd vorgekommen. Meinst du, mein Abteilungsleiter hätte sich für uns eingesetzt? Natürlich nicht! Er will ja nicht auffallen. Immer schön austarieren, abwarten und schauen, wie die Machtverhältnisse liegen. Sobald er weiß, woher der Wind weht, folgt ein eleganter Sprung auf die Gewinnerseite. Daher hat er hinsichtlich Johns Antrag nur mit den Achseln gezuckt und zum nächsten Tagesordnungspunkt übergeleitet. Ich fasse es nicht, eine Kultur ist das, die gehen allesamt über Leichen. Jeder schaut da bloß für sich!"

„Bist du jetzt gekündigt, Stefan?", fragt seine Frau Silvia besorgt. „Keine Ahnung. Davon haben sie mir nichts gesagt." „Aber, welche Arbeit hast du denn nun?" „Na ja, ich werde schauen, dass ich jemandem sein Projekt abjagen kann. Natürlich haben wir im Moment wenig zu tun, also gehe ich morgens etwas später hin, dann länger in die Kaffeepause, ich treffe wieder mal alte Freunde zum Mittagessen, mache zwischendurch etwas Sport und verhalte mich unauffällig. Mein Team kann ja glücklicherweise noch die Kundenportfolios betreuen. Als Teamleiter habe ich leider keine Kunden mehr, mit denen ich mich beschäftigen könnte. Ich werde mich vorsichtig umhören, wo etwas läuft, und Kontakte zu Abteilungsleitern von anderen Abteilungen pflegen. Denn ehe man es sich versieht, entsteht irgendwo ein Projekt, und dann kann ich mich elegant in Position bringen." „Willst du denn nicht kündigen?" „Ich, kündigen? Ja und dann?" „Ja, dir etwas Neues suchen", meint Silvia zaghaft. „Wo denkst du hin! Ich mache da weiter. Das bin ich meinem Team schuldig! Das wäre für die doch eine herbe Enttäuschung, wenn ich mich einfach so davonstehlen würde, wegen eines chaotischen Engländers! Nein, die erwarten von mir, dass ich zu ihnen stehe, auch in harten Zeiten." „Du machst einfach weiter wie bisher?" „Ja, klar, Schatz, was sonst? Solange die mich dafür zahlen, dass ich morgens ausschlafen und lange Pausen machen kann, wieso denn nicht?" Silvia schüttelt den Kopf, weiß hierzu jedoch nichts mehr zu sagen.

Wie der das bloß aushält. Die Zeiten sind extrem hart geworden. Zum Glück habe ich damals bei der Bank aufgehört und zu einer Personalvermittlungsfirma gewechselt. Auch dort ist nicht alles Gold, was glänzt, doch der Umgang ist wahrlich nicht so feindselig. Und zum Glück ist das nicht meine einzige Arbeit. Ich gebe noch Nachhilfeunterricht und bin Präsidentin einer sozialen Stiftung. Da treffe ich viele verschiedene Menschen, und das tut gut. Wegen des Geldes müsste Stefan wahrlich nicht bei der Bank bleiben. Der würde bestimmt noch etwas anderes finden und könnte sein Pensum sogar etwas reduzieren. Er liegt mir schon seit Monaten in den Ohren, dass bei ihnen in der Bank etwas nicht stimmt, dass die Zeiten sehr unruhig und chaotisch geworden sind. Seit einigen Monaten reden wir schon über diverse Abteilungsleiter, Leiter von Projekten in verschiedenen Ländern und über den Umgang untereinander. Besser ist es nicht geworden, im Gegenteil. Nun gut, wenn Stefan es braucht, alle seine Sorgen bei mir abzuladen, dann stehe ich ihm natürlich als Ehefrau gerne zur Verfügung. Allerdings habe ich den Eindruck, dass ich zum Gespräch nicht sehr viel beitragen kann. Ich habe den Eindruck, wir kreisen immer um dasselbe Thema.

„Silvia, das musst du dir anhören …“ Silvia und Stefan sitzen beim Abendessen, und Stefan erzählt, wie seit einem halben Jahr üblich, ausschließlich von seinen Bankgeschichten. Silvia ist genervt, wagt jedoch nicht, ihre Abneigung gegen diesen Schwall von Geschichten offen zu zeigen. „Heute in der Sitzung, da hat doch der Abteilungsleiter gemeint, dass wir uns kundenorientierter ausrichten sollten! Dann hat er meinen Kollegen Max zitiert und ein Konzept verlangt, wie wir proaktiv unsere Kunden bearbeiten könnten. Das ist ja eine extrem kreative Idee. Das habe ich vor Jahren schon einmal gemacht, aber damals hat man sich entschieden, dass wir uns lieber mit Strategien und Marktausrichtungen anstatt mit Kunden beschäftigen. Jetzt, zwei Jahre später, will er wieder ein Konzept mit einer Anleitung zur Kundenpflege. Ein Konzept! Ich fasse es nicht! Die Kunden ruft man an, man geht mit ihnen Essen, lädt sie zu Events ein und bietet ihnen unsere supergenialen Produkte an und that's it! Da braucht keiner ein Konzept. Jedenfalls habe mich sofort zur Verfügung gestellt, um Max zu helfen. Ich habe ja die Special Line Products und VIP-Kundenstruktur bearbeitet und kann mich gut einbringen. Unser Abteilungsleiter hat meine Anregung für gut befunden und er hat mir sogar die Leitung übergeben. Max mit seinem Doktortitel hat's weniger gefreut. Der musste natürlich dann prompt eine Bemerkung fallen lassen, ob ich jetzt wieder voll bei der Bank arbeiten würde und nicht als Freelancer, wie in letzter Zeit. Ich habe ihm daraufhin entgegnet, dass ich meist, wenn ich mit meiner Frau zu Abend gegessen habe, nochmals auf einen Sprung im Büro vorbeikäme und bemerkt habe, dass bei ihm bereits alle Lichter gelöscht seien. Er habe es wohl mit den Lerchen und ich halt eher mit den Eulen … Kurz, jeder habe ja wohl seinen eigenen Rhythmus und auch sein eigenes Arbeitstempo … Daraufhin hat Max betreten geschwiegen. Jedenfalls habe ich nun wieder ein neues Projekt! Gut, inhaltlich neu ist das Projekt ja nicht, ich habe das alte noch in der Schublade …"

Silvia hat schon längst aufgegeben, zu den Reden ihres Mannes etwas Substanzielles beizutragen. Schließlich hat er bisher jeden ihrer Tipps und Ratschläge weit von sich gewiesen und als völlig untauglich abgetan. Offenbar will Stefan keine nützliche Lösung finden, er möchte ihr lediglich alles berichten. *Wahrscheinlich verarbeitet er seinen Stress, indem er über die Dinge redet, ohne dass dabei eine Lösung herauskommen muss*, denkt Silvia immer noch etwas irritiert. Sie hört nur mit halbem Ohr hin und nimmt Stefans Worte immer mehr als Hintergrundgeplätscher wahr. Inzwischen hat sie sich mit ihrer Funktion als „seelische Mülldeponie" abgefunden.

Doch nach einem weiteren halben Jahr kann Silvia das endlose Gerede nicht mehr ertragen. Das hat zur Folge, dass sie nur noch leichte Mahlzeiten auftischt, um die gemeinsamen Essenszeiten abzukürzen. Außerdem hat sie noch einige Nachhilfeschüler mehr angenommen, die sie vorzugsweise gegen Abend unterrichtet. Stefan merkt von Silvias Strategien lange nichts. Nach einem weiteren halben Jahr finden die Abendessen nur noch unregelmäßig statt. Nun stellt Stefan fest, dass er seine Geschichten nicht mehr in epischer Breite loswerden kann. Er führt jetzt innere Monologe, weil er es nicht wagt, mit Freunden über seine Probleme im Job zu sprechen. Er beginnt, Silvias Anwesenheit stark zu vermissen.

Silvia arbeitet einfach zu viel. Nachhilfeschüler, Personalbüro, Stiftungsratspräsidentin, das ist doch alles viel zu viel. Sie arbeitet bis in die Nacht hinein. Wenn sie sich bloß nicht überarbeitet. Ich denke, sie sollte kürzertreten. Wir hatten doch früher mehr Zeit für einander. Früher, da haben wir beim Abendessen gemütlich beisammen gesessen. Gut, sie isst am Mittag in der Kantine eine warme Mahlzeit. Wir werden ja auch nicht jünger, da verträgt man am Abend nicht mehr so viel. Doch, dass sie jetzt ihr belegtes Brot bereits in die Nachhilfestunde mitnimmt, das geht schon etwas weit, finde ich. Wenn sie nur nicht krank wird vom vielen Arbeiten. Sie geht einfach nicht darauf ein, wenn ich ihr meine Bedenken mitteile. Meine Tipps und Ratschläge weist sie vehement von sich. Auch an den Wochenenden deckt sie sich mit Arbeit ein. Sie war doch früher eine so gute Zuhörerin, und jetzt scheint sie nervös und gereizt, wenn ich mit ihr reden will. Nervosität und Gereiztheit sind doch erste Anzeichen von Burnout? Sie wacht auch am Morgen sehr früh auf und frühstückt alleine. Frühes Erwachen, Nervosität, Gereiztheit und sozialer Rückzug, das sind deutliche Anzeichen dieser neumodischen Stresskrankheit. Vielleicht sollte sie mal zum Arzt gehen? Sie wird abwinken und mich auslachen. Ich müsste das irgendwie clever anstellen. Vielleicht könnte ich vorsondieren, zu einem Arzt gehen und fragen, wie man gestressten Menschen beibringt, dass sie einen Arzt aufsuchen? Wenn das eine nette Person ist, dann könnte ich zusammen mit Silvia hingehen und einen ersten Kontakt herstellen. So, Stefan, du hast jetzt eine Aufgabe, nämlich deine Frau Silvia vor dem totalen Zusammenbruch zu retten. Wäre doch gelacht, wenn mir hierzu keine Strategie einfallen würde.

Stefan, in ernster Sorge um Silvia, bespricht sich mit seinem engsten Freund. Dieser findet Stefans Idee gut, für sie einen geeigneten Arzt oder Psychologen zu suchen. Auch er ist der Meinung, dass Stefan bei Silvia nicht mit der Tür ins Haus fallen sollte. Frauen würden auf solche Ratschläge von ihren Männern sehr oft zickig reagieren, und dann würde sie sowieso jede Maßnahme ablehnen. Die beiden Männer sind sich auch einig darüber, dass sie selbst niemals einen Psychologen und auch keinen Coach aufsuchen würden. Stefan ist der festen Überzeugung, dass das bei ihm nichts bringen würde. Ein Coach könne ja über ihn nicht besser Bescheid wissen als er, Stefan, über sich selbst. Außerdem könne er sich überhaupt nicht vorstellen, irgendeinem wildfremden Menschen persönliche Dinge zu erzählen. Das wäre ja extrem peinlich! Nein, für ihn käme das niemals in Frage. Dafür hat man doch eine Ehefrau und Freunde. Mit ihnen kann man sich besprechen, das reicht vollkommen aus. Aber für Silvia wäre das sicher gut. Frauen sind da ganz anders.

Beim fünften Bier kommen die Freunde zur Überzeugung, dass für Silvia eine Psychologin das Richtige ist. „Frauen untereinander reden offener", meint Stefan. „Ja, sicher. Frauen finden rasch einen guten Draht zueinander. Die erzählen sich sehr schnell die privatesten Dinge und hören meist nicht mehr auf zu diskutieren, bis alles zu Boden geredet ist", lacht sein Freund. „Ja, richtig", findet Stefan, „da sind wir Männer schon ganz anders. Wir kennen uns über Jahre und tauschen uns hauptsächlich über Autos und Politik aus. Persönliches, so wie heute, das teilen wir nicht so gerne mit. Das Persönliche gehört in die eigenen vier Wände, und sonst geht das niemanden etwas an. Ich glaube, ich nehme noch ein Bier nach diesem anstrengenden Gespräch, und du?" „Ja klar, ein paar Biere gehen schon noch. Kein Alkohol ist doch auch keine Lösung!", lacht sein Freund und ruft den Kellner.

Silvia bemerkt, dass Stefan abends mehr trinkt. Eine Flasche Weißwein zum Start in den Abend ist keine Seltenheit mehr. Oft folgt darauf vor dem Fernseher noch eine Flasche Rotwein. Silvia ist besorgt, aber auch abgestoßen von seiner neuen Bewältigungsstrategie: „Stefan, ich finde, du trinkst in letzter Zeit sehr viel. So viel, dass du schnarchend vor dem Fernseher einschläfst und erst am frühen Morgen aufwachst, um ins Bett zu gehen. Das ist nicht gut. Du solltest etwas für dich tun!" Das hat Stefan nun gerade noch gefehlt: „Etwas tun für mich? Mir ist langweilig, wenn du abends dauernd im Zimmer hockst und arbeitest. Da trinke ich eben für dich ein Glas mit und tu so, als ob wir miteinander ein Gespräch führen würden! Da ist es doch nur logisch, dass ich deshalb doppelt so viel trinke! Und dass ich morgens erst ins Bett komme, merkst du auch nur, weil du dann schon wieder wach wirst und so früh aufstehst. Das Problem ist doch, dass du zu viel arbeitest. Du würdest besser mit mir abends etwas länger beim Abendessen sitzen bleiben und mittrinken, das wäre viel gescheiter als deine Plackerei!"

Silvia merkt, dass sie mit Stefan so nicht weiterkommt. Er scheint wohl keine Einsicht in sein Tun zu haben. Silvia reagiert auf dieses Gespräch mit weiterem Rückzug, sie konzentriert sich nun noch mehr auf ihre Schüler und ihre Arbeit. Sie vertraut darauf, dass Stefan irgendwann selbst zur Einsicht kommt, dass er etwas in seinem Leben ändern muss. *Wahrscheinlich ist es nur eine Frage der Zeit, dann kommt er selbst dahinter, dass er ein Problem hat und sein Leben so nicht weitergehen kann*, denkt sie bei sich.

Stefan hingegen geht auf die Suche nach einer Psychologin für seine Frau. Er findet, dass sie unbedingt etwas in ihrem Leben ändern müsse, bevor sie zusammenbricht. Über verschiedene Kanäle hört er von Sophia und lässt sich bei ihr einen Termin geben.

„Was ist Ihr Anliegen, Stefan?", fragt Sophia in ihrer gewohnten Art. „Ich möchte testen, ob Sie für meine Frau als psychologische Beraterin in Frage kämen", meint Stefan ernst. Sophia lächelte, „woran würden Sie denn erkennen, dass ich die Richtige für ihre Frau bin?" „Ich weiß nicht, das merke ich dann schon irgendwie." „Gut, Stefan, dann frage ich Sie: Was soll in unserer Stunde heute passieren, damit es sich für Sie gelohnt hat, hierher zu kommen?" So hat Stefan sich das Gespräch nicht vorgestellt. Da geht es ja dauernd nur um ihn. Er schaut Sophia lange und etwas verdutzt an. Sophia schweigt und wartet. Da er das Schweigen etwas peinlich findet, sucht Stefan nach Worten. „Also, meine Frau leidet an Arbeitssucht. Ich dachte, Sie könnten ihr vielleicht helfen, davon wegzukommen, um sie vor einem Zusammenbruch zu bewahren. Oder Sie könnten mir sagen, was ich meiner Frau Silvia sagen soll, damit sie einsieht, dass sie ein Problem hat?" „Ja, Stefan, das könnte ich vielleicht, wenn Ihre Frau hier anwesend wäre und sie ihr Anliegen selbst so formuliert hätte. Aber aus der Ferne, ohne Auftrag ihrer Frau und ohne ihre Frau zu kennen, kann ich Ihren Wunsch nicht erfüllen. Vielleicht wäre es für Sie ohnehin nützlicher, Sie nutzten diese Stunde für sich selbst. Sie sind jetzt hier, und nur mit Ihnen kann ich arbeiten. Mit Abwesenden ist das für mich schlecht möglich.

Zum Beispiel könnten Sie mir sagen, woran Sie erkennen, dass Silvia aus Ihrer Sicht zu viel arbeitet, und wann und wie es dazu gekommen ist."

Da sitze ich nun also in der Falle. Die sind einfach schlau, diese Psychologen. Logisch ist Silvia nicht anwesend, sie sieht ja gar nicht ein, dass sie ein Problem hat. Ich will doch nur erreichen, dass diese Psychologin mithilft, dass Silvia ihr Problem selbst erkennt. Aber da beißt sich schon die Katze in den Schwanz. Wenn Silvia nicht hierherkommt, dann weigert sich Sophia, mir einen Ratschlag für Silvia mitzugeben, und Silvia kommt nicht hierher, weil sie das Problem nicht sieht. Das ist vertrackt. Jetzt muss ich Rede und Antwort stehen, einer wildfremden Person meine Ansichten über Silvia mitteilen. So habe ich mir das natürlich nicht vorgestellt. Da habe ich schon bei meinem besten Freund Mühe, über private Dinge zu sprechen, und jetzt das! Jetzt soll ich mein Innerstes einer gänzlich unbekannten Person anvertrauen. Das kann ich nicht, das will ich nicht, das geht einfach nicht.

„Nun, in diesem Falle weiß ich nicht, ob Sie die Richtige für Silvia sind, Sophia." „Ja, das kann schon sein, dass ich das nicht bin. Es interessiert mich einfach, was Sie sich denn unter der Richtigen vorgestellt haben. Wäre es nicht nützlich zu erfahren, was eine gute Psychologin ausmacht, wenn Sie schon extra hierher zu mir gekommen sind? Oder Sie könnten heute vielleicht herausfinden, wonach Sie bei der nächsten Psychologin suchen müssen." *Da hat Sophia natürlich recht. Das wäre schon fair, ihr das zu sagen. Wenn ich nur wüsste, was ich mir eigentlich vorgestellt habe. So richtig habe ich mir das ja gar nicht überlegt. Bei einer anderen Psychologin müsste ich mir wohl dieselben Fragen anhören. Also kann ich auch jetzt gleich mit Sophia darüber nachden-*

ken, damit ich wenigstens beim nächsten Mal besser vorbereitet bin.

„Ich weiß im Grunde nicht genau, was ich mir für Silvia vorgestellt habe. Ich dachte, dass Frauen untereinander sich schon irgendwie finden würden. Ich habe nun aber auch verstanden, dass Sie mir keine Tipps geben wollen, damit Silvia ihr Problem erkennt. Je länger ich darüber nachdenke, desto eher sehe ich ein, dass dies nicht möglich ist. Sie können ja nicht wissen, was Silvia für ein Typ Frau ist. Jede Frau hat wahrscheinlich unterschiedliche Vorstellungen über das Zuviel an Arbeit und Einsatz." „Ja, Stefan, nicht nur jede Frau hat das, vermutlich hat jeder Mensch unterschiedliche Ansichten der Welt. Stellen Sie sich vor, Ihre Frau säße hier und würde mir mitteilen, dass Sie ein Problem hätten. Was sollte ich dann zu Ihrer Frau sagen, damit Sie hierher zu mir kommen?" *Jetzt dreht sie glatt den Spieß um! Aber die Vorstellung ist spannend, das muss ich zugeben. Silvia sitzt hier und redet mit Sophia über mein Problem, von dem ich nichts weiß. Da wäre ich wohl auch froh, wenn Sophia keine Tipps gäbe, mit denen Silvia mir ein Problem weismachen kann …*

„Sie könnten meiner Frau gar keinen Tipp geben, weil ich durch nichts dazu zu bringen wäre, zu Ihnen zu kommen." Sophia lacht: „Ja Stefan, das kann ich mir gut vorstellen. Nun sind Sie aber doch hier." „Wir drehen uns im Kreis, Sophia." „Ja, ich merke das auch. Kommt Ihnen das irgendwie bekannt vor, dass Sie sich in Gesprächen im Kreis drehen?" „Oh, ja. Auf der Bank! Wir drehen uns ständig im Kreis, nicht nur in Gesprächen, sondern auch in Projektarbeiten", brach es aus Stefan heraus. „Wollen Sie mir vielleicht ein Bespiel dazu geben?", fragt Sophia.

Stefan und Sophia unterhalten sich die restliche Stunde über die Arbeitsmethoden und den Umgang unter den Mitarbeitenden. Stefan ist erleichtert, seine Bankgeschichten endlich wieder einmal irgendwo loswerden zu können. Schon nach dieser einen Stunde geht es ihm besser. Er entschließt sich spontan, Sophia anstelle von Silvia als Gesprächspartnerin für seine Bankfragen zu nutzen, also bucht er bei Sophia weitere Sitzungen.

„Hast du nun eine Psychologin für Silvia gefunden?", fragt Stefans Freund. „Nein. Leider nicht." „Und was machst du nun?" „Im Moment nichts. Ich denke, Silvia sollte selbst einsehen, dass sie zu viel arbeitet", sagt Stefan gelassen. „So, dass ist aber eine schnelle Einsicht. Du willst sie also zusammenbrechen sehen?" „Nein, natürlich nicht. Ich finde einfach, dass sie die Verantwortung für sich selbst übernehmen soll. Ich kann sie schließlich ja nicht zwingen, zu einer Psychologin zu gehen, zumal sie ihr Problem gar nicht erkennt. Hallo, Bedienung, noch zwei Bier, bitte! Du nimmst doch auch noch eines?"

Stefans Freund wechselt das Thema: „Wie geht es bei der Bank eigentlich so?" „Ach, lass uns über etwas anderes reden, das bespreche ich neuerdings mit einer guten Freundin." „Wie bitte? Du hast eine Freundin? Daher ist dir Silvia also egal?", dringt der Freund weiter in Stefan. „Nein, nicht so eine Freundin. Eine zum Reden!", weicht Stefan aus. „Zum Reden? Hat man neuerdings Freundinnen zum Reden? Wir sind ja nicht mehr in der Grundschule, Stefan. Was soll das?" „Ja, wirklich! Im Grunde habe ich komplett langweilige, immer wiederkehrende Geschichten an Silvia herangetragen. Kein Wunder will sie das nicht mehr hören. Vielleicht arbeitet sie ja deswegen so viel, weil sie meinen

Erzählungen entfliehen will. Daher habe ich nun meine Bankgeschichten sozusagen ausgelagert", meint Stefan ungehalten. „Seither kann ich mit Silvia auch wieder über andere Dinge sprechen. Ich interessiere mich auch mehr dafür, was sie so macht. Sie findet das, wie es scheint, ganz gut. Jedenfalls haben wir am vergangenen Wochenende auch wieder einmal etwas zusammen unternommen. Dabei habe ich gemerkt, dass ich wieder besser abschalten kann. Ich rede auch nicht mehr so viel von mir. Meine Monologe haben abgenommen, weil ich bereits schon alle Geschichten bei Sophia losgeworden bin." „Ach so, diese Sophia ist also eine Ersatzzuhörerin. Und die akzeptiert das einfach so? Ich meine, will die nicht etwas anderes von dir? Wieso langweilt denn sie deine Geschichten nicht?" „Weil sie sozusagen neutral ist. Und weil sie das einfach interessiert. Sie hat noch nie auf einer Bank gearbeitet und findet das eben spannend. Sie kann kaum glauben, was ich da erlebe. Sie ist neugierig und stellt mir, weil sie keinen blassen Schimmer vom Bankwesen hat, witzige Fragen. So unbedarfte Fragen … irgendwie macht sie das gut. Jedenfalls bin ich nachher meist klarer im Kopf und habe einen anderen Blick auf die Dinge", meint Stefan nachdenklich. „Und eine solche Freundin hast du dir einfach so aus dem Hut gezaubert? Ist ja spannend. Seit wann kennt ihr euch denn?", fragt Stefans Freund. „Ach, ist doch egal. Ich kenne sie einfach", sagt Stefan vage. Sein Freund lacht: „Und da ist nichts zwischen euch?" „Nein, ehrlich, nur Gespräche." „Aber ins Kino oder zum Essen ausgehen, so etwas unternehmt ihr schon zusammen?" „Nein, wir sitzen nur da und reden. Wieso willst du das so genau wissen?", fragt Stefan energischer. „Weil ich mir das nicht vorstellen kann. Mit einer Frau nur dazusitzen und über Bankgeschichten zu sprechen. Das klingt absurd. Erzählt sie denn auch etwas von sich? Was weißt du über sie? Wie alt ist sie? Was macht sie beruflich? Was für ein Auto fährt sie? Wo steht sie politisch? Ist sie verheiratet? Hat sie Kinder? Was ist sie für ein Typ?" „Hör zu, das weiß ich nicht. Ich weiß nur, dass sie Psychologin ist ...", Stefan stockt und fährt fort „... aber eine, die gerne Weißwein trinkt!" „Immerhin!", jubelt der Freund. „Weißwein, das klingt vielversprechend. Das passt ja sonst nicht so zu Psychologinnen, nicht? Das sind doch meist Körnerpicker, die nur Yogi-Tee trinken." „Nein, Sophia interessiert sich für Wein und trinkt, das tun Frauen doch eher selten, gerne Weißwein. Darum ist sie mir auch sympathisch, und darum habe ich eben noch ein paar Sitzungen bei ihr gebucht. Sie ist wirklich nett. Fast ein Kumpel! Weißt du, mit ihr könnte ich Pferde stehlen, glaube ich. So ein Typ ist sie. Ich habe mir gesagt, Stefan, wenn es eine Psychologin sein soll, der du dich anvertraust, dann muss sie Weißwein trinken! Im Übrigen habe ich Silvia von Sophia erzählt. Sie war begeistert von meiner Einsichtsfähigkeit!"

Als Stefan seinem Freund offen von seinen Besuchen bei Sophia erzählt, wird ihm klar, in welcher Sackgasse seine Ehe sich befunden hat. Der Zusammenhang, dass Silvia sich von ihm zurückgezogen hat, weil sie seine Geschichten nicht mehr hören konnte, und dass er dadurch wiederum den wichtigsten Gesprächspartner verloren hat, wird ihm erst jetzt richtig bewusst.

Wir haben uns in einer richtigen Abwärtsspirale befunden. Je mehr ich ihr von meinen Berufsproblemen erzählt habe, desto mehr hat sie sich von mir zurückgezogen und in ihre Arbeit gestürzt. Je länger ich in sie gedrungen bin, desto nervöser und gereizter hat sie reagiert. Ich dagegen habe mich einsam und leer gefühlt und diese Leere mit Alkohol zu füllen versucht. Bis heute habe ich den Zusammenhang nicht erkannt, sondern die Probleme immer nur bei Silvia gesucht. Nie habe ich mich gefragt, was Silvia dazu bewogen hat, ihr Verhalten derart zu verändern. Nie habe ich an mir gezweifelt und mich selbst gefragt, was es mit mir zu tun haben könnte, wenn Silvia sich von mir zurückzieht.

Stefan berichtet Sophia von seinen Erkenntnissen und den erfreulichen Veränderungen in seiner Ehe. „Das freut mich für Sie, Stefan. Woran würden Sie denn erkennen, dass Sie keinen Coach mehr brauchen?" Stefan erschrickt und meint: „Sie wollen mich schon rauswerfen? Langweile ich Sie etwa auch schon?" Sophia meint ernst: „Nein, Stefan, Sie langweilen mich nicht. Ich denke nur, Sie haben die wesentlichen Zusammenhänge erkannt und wissen, dass Sie Ihrer Frau nicht all ihre beruflichen Probleme zumuten können. Ihre Ehe hat sich durch diese Einsicht positiv verändert. Nun frage ich mich, was können Sie denn hier bei mir noch lernen?" Stefan antwortet sichtlich erleichtert: „Ich brauche jemanden, dem ich meine beruflichen Sorgen erzählen kann. Sonst beginnt alles wieder von vorne." Sophia lächelt und sagt: „Eine Ehrenrunde wollen wir, wenn immer möglich, vermeiden. Was könnten Sie denn tun, damit die Probleme bei der Bank etwas weniger werden?" Stefan meint trocken: „Die werden nicht weniger. Das zu glauben, habe ich aufgegeben. Ich habe mich aber damit abgefunden. Kündigen werde ich nicht, weil mein Team mich braucht und ich mich nicht einfach von den Leuten trennen kann. Ich möchte bleiben, und damit bleiben auch meine Probleme. Wenn ich diese aber bei Ihnen abladen kann, Sophia, so wie bei meinem Kumpel oder früher bei Silvia, dann geht es mir recht gut." Und bei sich denkt Stefan weiter: *Ich könnte ja mal eine Flasche vom besten Chardonnay mitbringen, dann würde es erst richtig gemütlich*, schweigt aber.

Sophia meint nachdenklich: „Ist dieses Vorgehen für Sie tatsächlich nützlich? Was würde diese Stunde dann von einem Kaffeekränzchen mit Freunden unterscheiden, außer dass ich fürs Zuhören bezahlt werde? Auf kurze Sicht klingt Ihr Ziel vernünftig, doch längerfristig bin ich mir ziemlich sicher, dass die Rechnung für Sie nicht aufgeht und Sie sich fragen werden, ob ich das Geld denn wirklich wert bin." Stefan meint daraufhin etwas frustriert: „Ich bin doch der Kunde und kann meine Ziele formulieren, wie ich das will, nicht? Ich meine, unsere Kunden bei der Bank diktieren uns ihre Wünsche ja auch, und wir müssen darauf eingehen. Wo ist da der Unterschied?" Sophia antwortet: „Der Unterschied liegt darin, dass Sie bei mir kein fertiges Produkt kaufen können. Wir sind Verhandlungspartner und handeln aus, was wir hier tun. Schließlich sollen sich beide Parteien dabei wohlfühlen. Mit ihrem Ziel – mich als Kumpel für das Abladen für Bankgeschichten zu benötigen – fühle ich mich längerfristig aber unwohl. Wir können in nächster Zeit noch auf diese Weise, wie Sie es wünschen, verfahren. Dennoch möchte ich, dass Sie sich überlegen, was Sie außer des Teamgedankens noch hindert, bei der Bank zu kündigen."

Stefan geht Sophias Frage nicht mehr aus dem Kopf. Bei jedem Arbeitsschritt überlegt er sich, ob dieser es wert sei, nicht zu kündigen. Im Grunde empfindet er seine Arbeit ziemlich langweilig. Der Kampf um Projekte und um die

Position innerhalb der Bank ist sehr anstrengend. Er kann diesem Kampf auch nicht viel Sinn abgewinnen. Je länger er darüber nachdenkt, desto klarer wird ihm, dass er an diesem Job festhält, weil er den Menschen in seinem Team freundschaftlich verbunden ist. Er möchte sie mit seiner Kündigung nicht enttäuschen und das in ihn gesetzte Vertrauen nicht verletzen. Und er fühlt sich zu ihnen gehörig.

Stefan erzählt Sophia davon. Darauf fragt sie ihn: „Haben Sie schon einmal erlebt, dass jemand bei Ihnen gekündigt hat?“ „Ja, klar“, antwortet Stefan. „Das hat mich auch jedes Mal sehr verletzt. Ich habe große Mühe mit jedem Mitarbeitenden, der mich verlässt, und kann damit schlecht umgehen.“ Sophia fragt nachdenklich: „Woher kennen Sie diesen Abschiedsschmerz?“ Stefan zuckt mit den Schultern: „Ich weiß nicht, ich finde den Ausstieg aus einer Gruppe einfach nicht loyal. Wir brauchen einander doch.“ „Wofür?“, fragt Sophia. „Zum Überleben!“ „Oh“, meint Sophia, „das hört sich existenziell wichtig an.“ Stefan lächelt und sagt: „Ja, das denke ich jetzt auch gerade. Ich habe eine ziemlich bescheuerte Antwort gegeben. Finden Sie nicht? Natürlich überlebt mein Team ohne mich! Für so wichtig halte ich mich am Ende doch nicht. Dennoch habe ich tatsächlich das Gefühl, wenn ich gehe, dann bricht ein System zusammen. Und ich glaube, dass ich dies durch meine Einflussnahme und Kontrolle verhindern kann.“ „Kennen Sie das? Dass jemand, der Ihnen wichtig war, gegangen ist und Sie sich dadurch sehr bedroht gefühlt haben?“ Stefan denkt lange nach und antwortet: „Das ist interessant. Meine Mutter ist bei einem Autounfall gestorben. Damals war ich etwa zwölf Jahre alt. Ich habe mich dann sehr um meinen drei Jahre jüngeren Bruder gekümmert. Mein Vater hat sich in die Arbeit verkrochen und lange Zeit nicht mehr viel geredet. Ich habe mich damals für meinen Bruder sehr verantwortlich gefühlt, wie eine Mutter oder ein Vater. Das habe ich völlig vergessen und kommt mir jetzt, da Sie mich danach fragen, wieder in den Sinn. Könnte das damit etwas zu tun haben? Ich empfinde kündigen oder gekündigt zu werden wie einen Schock. Ich fühle mich unmittelbar verlassen und allein. Daraus erwächst ein übermäßig hohes Verantwortungsgefühl anderen gegenüber. In mir spricht so eine Stimme, die sagt: ‚Du musst für andere da sein und sorgen! Du musst die Kontrolle behalten, damit das System nicht auseinanderfällt! Ich bin das vermittelnde Bindeglied in einem System!" Sophia ist gerührt und fragt: „Gibt das für Sie irgendeinen Sinn, Stefan?" Stefan steigen die Tränen in die Augen: „Ja, ich habe mit Abschiedssituationen große Mühe und fühle nicht selten gegenüber meinen Mitmenschen eine übermäßige Zuneigung und Verantwortung. Manchmal überfordert mich dieser Zustand und macht mich, wie Sie leicht erkennen können, unfrei." Sophia blickt ernst und fragt: „Was denken Sie, würde Ihr Team, könnte es diese Geschichte hören, Ihnen zur Antwort geben?" „Geh und werde glücklich!", antwortet Stefan überraschend schnell.

Das Thema der Zugehörigkeit, des Abschiedsschmerzes, der übermäßig hohen Verantwortung für Dritte und des Kontrollgefühls für den Systemerhalt sorgt auch für Gesprächsstoff in der Ehe von Silvia und Stefan. Silvia, die die Fürsorglichkeit ihrer Eltern vermisst und sie bei Stefan bekommt, reagiert abwehrend und ängstlich auf dieses Thema. „Was bedeutet das für uns, wenn du dich ab jetzt plötzlich weniger verantwortlich fühlst? Was wäre, wenn dir Abschied leichter fallen würde? Müsste ich auf deine überaus große Zuverlässigkeit und Standfestigkeit in unserer Beziehung verzichten?“ Stefan ist sich zunächst der Auswirkungen von Sophias Fragen gar nicht bewusst gewesen. Er hat sie im Grunde nur auf die Feigheit, nicht zu kündigen, bezogen. Dass diese Fragen sich auch in der Ehe stellen könnten, ist ihm zunächst gar nicht in den Sinn gekommen. Deshalb fragt er Silvia zuerst: „Sollten wir den Beruf und das Private nicht trennen? Ich meine, ich habe dieses Thema auf den Beruf übertragen. Kein Mensch, der einen Job kündigt, hat das Gefühl, dass andere ohne ihn nicht leben könnten. Kein anderer würde sich derart an einen Job klammern und unfrei fühlen. Ich aber denke, ein System bricht zusammen, wenn ich gehe! Das ist, bei Licht betrachtet, lächerlich!“ Dann hält er inne und gibt zu: „Natürlich lassen sich diese Fragen auch auf private Beziehungen übertragen. Es muss doch auch so sein, dass ich mir bewusst bin, dass du überleben könntest, wenn es mich aus irgendeinem Grund nicht mehr gäbe. Ich denke, mir muss einfach bewusst werden, dass ich erwachsen geworden bin und nicht mehr die volle Verantwortung für einen anderen erwachsenen Menschen übernehmen kann. Es ist nämlich entlastend für mich zu wissen, dass andere Menschen ohne mich überleben können. Dennoch möchte ich mit dir zusammen sein und es auch bleiben. Im Beruf möchte ich mich frei fühlen zu wählen, ob ich gehen oder bleiben will. Es geht einzig darum, dass ich mich frei entscheiden kann. Ich will aufhören zu glauben, ich müsse bleiben, weil sonst nichts mehr funktioniert!“ Diese Antwort leuchtet Silvia ein, und sie fragt lächelnd: „Wann also kündigst du?“ Stefan grinst: „Ich habe das heute gemacht und mich super gut und frei dabei gefühlt." Silvia weitet die Augen und fragt: „Und was machst du jetzt?" Stefans Antwort kommt schnell und lachend: „Ich gehe mit einer Flasche Chardonnay zu Sophia! Dann sehen wir weiter!"

Psychologischer Hintergrund der Geschichte

Stefan ist ein sozialer Typ und hat Angst vor Ausschluss. Er strebt nach Zugehörigkeit, Vertrauen und Liebe. Er kann sich sehr gut jenem System, dem er sich zugehörig fühlt, anpassen. Stefan ist demzufolge bereit, in seinem Job viele Unannehmlichkeiten auf sich zu nehmen, weil es ihm äußerst schwerfällt, sich von seiner Arbeitsstelle und den Menschen dort zu lösen. Stefan selbst glaubt, dass er aufgrund des frühen Todes seiner Mutter und der Abwesenheit seines Vaters ein übermäßig hohes Verantwortungsgefühl für seinen Bruder entwickelt hat. Er fühlte sich damals für dessen Wohlergehen, Erziehung und – in seiner kindlichen Phantasie – auch für dessen Überleben zuständig. Der überraschende Tod und endgültige Abschied von seiner Mutter ist für Stefan verständlicherweise ein großer Schock und Kontrollverlust gewesen. Später ist er daher bei jeder Form des Abschieds emotional stark berührt und empfindet eine hohe Verantwortung für andere Menschen.

Soziale Typen haben, aus welchen Gründen auch immer, häufig Ideen wie: „Ich kann die Welt retten!" oder „Ich bin für alle verantwortlich und immer da!". Sie fühlen sich nicht selten für das Wohlergehen von anderen Personen zuständig und verwenden sehr viel Energie darauf, andere glücklich zu machen oder deren Probleme zu lösen. Innere Muss-Sätze wie „Kommt alle zu mir, ich helfe euch!" sind ständige Wegbegleiter. Natürlich ist die Umwelt sehr angetan von solchen Menschen. Sie sind sehr hilfsbereit und tragen viel zum Wohlergehen anderer bei. Silvia schätzt genau dieses Verhalten an Stefan sehr, weil sie es bei ihren Eltern wenig erfahren hat.

Im Beruf werden soziale Typen mit sehr viel Arbeit eingedeckt, weil andere rasch merken, dass sie ihnen die Arbeit erledigen und ihre Probleme lösen. Ein bisschen jammern, und schon springt der soziale Typ ein und hilft! Dieses Muster kann aber auch zur Überforderung und Frustration führen („Wieso immer ich, und wer hilft mir?") und in einer Erschöpfung enden. Stefans innerer Muss-Satz „Ohne mich bricht ein System zusammen!" hat es ihm unmöglich gemacht, seinen unliebsamen Job aufzugeben. Es wäre einem Verrat an seinem Team gleichgekommen. Gleichzeitig hätte er die Kontrollmöglichkeit über die Funktionstüchtigkeit des Systems aufgegeben und die Funktion als integrierendes und vermittelndes Bindeglied verloren.

Der Lernprozess bei vielen sozialen Typen, wie auch bei Stefan, ist, dass sie anderen Menschen zumuten müssen, Verantwortung für sich selbst zu übernehmen. Sie müssen lernen, dass andere durchaus in der Lage sind, ihre Probleme selbst zu lösen, sie nicht für alle Fragen zuständig sind und Trennung nicht in jedem Fall mit Vertrauensmissbrauch gleichgesetzt werden kann. So lernt Stefan, dass er nicht die vermeintlichen Probleme seiner Frau Silvia lösen kann, indem er ihr einen Coach sucht. Er lernt zudem, dass seine Psychologin Sophia sich nicht als „Kumpel" eignet, sondern dass sie eine klare Rolle – nämlich, die einer eigenständigen Verhandlungspartnerin – einnimmt, wodurch die Empathie dennoch nicht verloren geht. Auch lernt er, frei zu entscheiden, zu welchem System er sich zugehörig fühlen will und zu welchem nicht, und so seine eigenen Bedürfnisse ernst zu nehmen. Und die wichtigste Erkenntnis von Stefan ist, dass ein System ohne ihn weiterexistieren und überleben kann. Diese Einsicht bedeutet für ihn die wohl größte Entlastung.

1.3 Hilfe, mein Stern verglüht

BIDUNOWA? – *Y BRADUHI?* – Y BRFDI – *VV I2* – WOWIMAT, F2F? – *Y BPG RUDIAN BIS* – AKLA ASAP – *BB* – CUT – *CUT, IRUDIAN* – GN8 – *GUK*

Es ist kurz vor Mitternacht. Sandra tauscht mit ihrer Freundin Monika die letzten Kurznachrichten über ihr Smartphone aus. Beide sind es gewohnt, die Nachrichten wirklich kurz zu halten und benutzen daher die gängigsten Abkürzungen. Ausgeschrieben wäre der Text um einiges länger und würde folgendermaßen lauten: Sandra: „Bist du noch wach?" Monika: *„Ja, brauchst du Hilfe?"* Sandra: „Ja, bin reif für die Insel." Monika: *„Viel Vergnügen, ich auch (I too)."* Sandra: „Wollen wir uns wieder mal treffen, unter vier Augen (face to face)?" Monika: *„Ja, bei passender Gelegenheit. Ich ruf dich an, ich bin im Stress."* Sandra: „Alles klar, sobald wie möglich (as soon as possible)." Monika: *„Bis bald!"* Sandra: „Sehen uns morgen (see you tomorow)." Monika: *„Sehen uns morgen, ich rufe dich an."* Sandra: „Gute Nacht." Monika: *„Gruß und Kuss."*

Erschöpft legt Sandra ihr Handy neben das Bett, nimmt es wieder und checkt ihre E-Mails. *Ach herrje, die Amerikaner arbeiten ja schon wieder auf vollen Touren. Das gibt morgen wieder einen hektischen Tag. Die wollen schon mein neues Konzept sehen. Und ich bin damit noch nicht fertig. Aber ich könnte noch schnell die kleinen Korrekturen auf meinem Wahlprospekt für meine Gemeinderatskampagne anbringen und ihn an die Druckerei zurücksenden. Sieht gut aus, das Foto, und den Slogan „Ich stehe für eine nachhaltige, stabile und ökologische Wirtschaftspolitik" finde ich treffend. Das Foto von mir ist gelungen. Ich sehe da wirklich strahlend aus. Frisch, sportlich, unverbraucht, dynamisch. Wenn nur niemand merkt, dass ich mich im Moment eher müde und leer fühle. Von Dynamik spüre ich bei mir gar nichts mehr. Monika hat „BRFDI" (bin reif für die Insel) wohl als Witz aufgefasst. Mal sehen, vielleicht gestehe ich ihr morgen, dass ich es ernst gemeint habe. Oder vielleicht ist morgen auch schon wieder alles anders. Tagsüber kann ich im Funktionsmodus gut arbeiten. In der Nacht, wenn ich nicht schlafen kann, gehen mir so viele Dinge im Kopf herum. Dann würde ich am liebsten alle Brücken abbrechen, niemandem etwas sagen und einfach weit weggehen. Abtauchen. Einfach einmal nichts mehr sehen und hören müssen. Jetzt ist es bald 1 Uhr morgens und um 6 Uhr früh muss ich raus. Ich muss mein Projekt noch zu Ende bringen, Sitzungen leiten und meinen Wahlkampf aufgleisen. In meinem Kopf dreht sich alles. Immer und immer wieder dieselben Gedanken. Drehe ich bald durch?*

Und wieder nimmt Sandra das Handy hervor, liest die neuesten Nachrichten, checkt die E-Mails von morgen und schreibt noch ein paar kurze Antworten. Sie denkt, dass sie dann am nächsten Tag weniger zu tun habe. Die kleinen Dinge lassen sich gut in der Nacht erledigen, wenn man sowieso nicht schlafen kann.

Sandra schläft unruhig, träumt schlecht und erwacht um 5 Uhr schon wieder. Zwischen 5 und 6 Uhr starrt sie die Wand an und ärgert sich, dass sie weder schlafen noch aufstehen und arbeiten kann. Dazu kommen Ängste: *Wenn andere merken, dass ich auf dem Zahnfleisch gehe, was werden sie von mir denken? Meine Kolleginnen und Kollegen in der Politik zählen auf mich. Ich bin das Zugpferd für die Partei. Mit mir wollen sie einen Sitz dazugewinnen. Enttäusche ich sie, dann gehöre ich nicht mehr dazu, dann wenden sie sich von mir ab. Auch in der Firma setzen sie auf mich. Ich bin die jüngste Mitarbeiterin der Geschäftsleitung. Dazu noch eine Frau, von denen es dort ohnehin schon so wenige gibt. Breche ich ein, dann heißt es doch wieder: „Typisch für das schwache Geschlecht! Auf Frauen kann man sich einfach nicht verlassen. Entweder sie werden schwanger und steigen aus oder sie schwächeln und kränkeln!" Das werden sie bestimmt von mir denken. Wahrscheinlich werden sie mir die Kündigung schicken, den Bonus kürzen oder mich downgraden.*

Also muss ich jetzt einfach stark sein. Ich muss mich einfach zusammenreißen, um all die Leute, die mich gefördert haben und die an mich glauben, nicht zu enttäuschen. Ich muss stark sein, mir nichts anmerken lassen. Also kann ich auch Monika nichts davon sagen. Wer weiß, wem sie es weitererzählt? So was macht ja schnell die Runde. Außerdem: Wenn ich mal anfange, meine Schwäche zuzugeben, dann breche ich noch ganz ein. Nein, nein, es muss weitergehen. Der Wahlkampf ist in drei Monaten vorbei, und dann sieht die Welt anders aus. Drei Monate halte ich noch durch, ich bin ja erst 32 Jahre alt. In dem Alter hat der Mensch noch genügend physische Reserven.

Danach gehe ich in die Ferien. Schließlich darf ich doch nach dem Wahlkampf mal ausspannen. Ich glaube, das würden die anderen verstehen. Und ich bin in den Ferien ja nicht aus der Welt. Ich könnte das eine oder andere berufliche Projekt weiterbearbeiten. Politisch würde ich mich fürs Erste abmelden. Das wäre, glaube ich, in Ordnung. Ich würde das vorher meinen Wählerinnen und Wählern einfach über Twitter und Facebook erklären. Diese Aussichten tun gut. Ich male mir aus, wohin ich in den Ferien fliegen könnte. Am Strand liegen, gut essen und viel schlafen. Obwohl, vielleicht ist mir das nach zwei Tagen schon zu langweilig? Sollte ich nicht besser eine Adventurereise buchen? Ich meine, dann wäre ich etwas abgelenkt und würde nicht so viel über alles nachdenken. Andererseits, bin ich nicht zu erschöpft für eine Adventurereise? Da wird doch erwartet, dass man morgens früh aufsteht und sich in die Gruppe einfügt. Wenn ich dann immer zu spät komme und die Gruppe schon bereitsteht, dann heißt es bestimmt: „Die schon wieder! Immer dieselbe! Kann die auch einmal pünktlich sein? So eine Chaotin, man kann sich einfach nicht auf sie verlassen!" Oder soll ich Monika fragen, ob sie mit mir eine Städtereise macht? Doch wenn die mich dann morgens sieht, so unausgeschlafen und fix und fertig? Was würde sie denken, und was würde sie meinen anderen Freunden erzählen? Wohl so etwas wie: „Mensch, die Sandy, die sieht morgens aus …, das kann ich euch sagen, als ob sie unter den Zug gekommen wäre! Die nimmt wohl heimlich Drogen? Die sieht ja älter aus als meine Großmutter!"

Um punkt 6 Uhr quält sich Sandra aus dem Bett. Sie steht im Bad, stützt sich auf den Rand des Waschbeckens, und plötzlich beginnt sich der Raum um sie herum zu drehen. Das Schwindelgefühl wird stärker, und sie muss sich erbrechen. Danach beginnt sie hemmungslos zu weinen. Rund eine Stunde später steht sie wie aus dem Ei gepellt vor dem Spiegel und sagt sich: *Na, geht doch!* Im Büro nimmt sie sich dem überfälligen Projekt an, beantwortet sämtliche Fragen der Mitarbeitenden mit einiger Ungeduld, spricht noch schneller als üblich und geht pünktlich um 17 Uhr zur Parteileitungssitzung. Auch dort beantwortet sie mechanisch alle an sie gerichteten Fragen, ohne dass sie genau zugehört hat. Dazwischen schreibt sie ein paar SMS an Monika, mit der sie sich noch zu einem Imbiss treffen will, und ein paar Blogs an ihre potenzielle Wählerschaft. *Geht doch!*, denkt sie immer wieder und *reiß dich bloß zusammen! Du kannst jetzt nicht schlappmachen, du enttäuschst sie sonst alle!*. Am Ende der Sitzung ist Sandra so erschöpft, dass sie nur noch nach Hause gehen möchte. Doch Monika erwartet sie. Monika hat es einfach nicht verdient, enttäuscht zu werden. Also geht Sandra tapfer zum verabredeten Treffpunkt.

Monika erscheint mit strahlendem Lächeln eine halbe Stunde zu spät. „Sorry, ich hatte noch zu tun! Wartest du schon lange? Ich bin heute auch ziemlich müde und werde nicht länger als eine Stunde bleiben können. Ich denke, das ist dir auch recht, oder? So im Stress wie du bist?" Sandra meint nur: „Ja, ja, ich bin auch froh, wenn wir nicht zu lange machen." Somit ist klar, dass Sandra ihre gesundheitlichen Probleme nicht anspricht. Erstens ist keine Zeit dazu, zweitens ist Monika nicht darauf eingestellt und drittens ist sie im Stress und kann nicht noch mehr belastet werden. Also reden die beiden über alltägliche Dinge, Politik und Probleme am Arbeitsplatz. Monika beneidet Sandra sichtlich: „Mensch Sandra, dass du als einzige Frau in so einem großen Unternehmen und so jung in die Geschäftsleitung gekommen bist, das ist ja irre. Ich bin richtig stolz und freue mich, dass gerade du meine Freundin bist! Du verdienst sicher ganz schön viel Geld! Daneben hast du noch die Politik und so viele Fans, die dir täglich schreiben. Als wir zusammen noch die Schulbank drückten, dachte ich: Die Sandra ist wie ein scheues Reh. Die wird einmal eine gute Hausfrau und Mutter und kriegt einen schönen, reichen Mann. Ich fand dich attraktiv mit einem Hauch von Biederkeit. Eine eigenartige Mischung, doch so sah ich dich damals. Dass du dich so mauserst und durchsetzen kannst, das hätte ich bei dir nie vermutet! Na gut, Lehrerin, das hätte ich dir noch zugetraut. Fleißig warst du immer schon. Doch du bist mir auch so brav und feinfühlig vorgekommen. Weißt du, so angepasst und freundlich zu allen. Und ausgerechnet du machst in der Wirtschaft Karriere? Dazu noch bei einer großen Versicherung! In einer Männerdomäne! Das muss ja unheimlich anstrengend sein! Daneben betreibst du Politik und hast gute Chancen, einen Sitz im Gemeinderat zu gewinnen. Dein Tag muss ja mehr als 24 Stunden haben!" Sandra ist froh über Monikas Redeschwall. Sie hört nur mit halbem Ohr hin und wundert sich, dass ihre beste und langjährige Freundin sie nicht besser kennt.

Offenbar sieht sie mir den Zusammenbruch von heute Morgen nicht an und merkt nicht, dass ich innerlich völlig leer und ausgelaugt bin. Entweder die Menschen sehen schlecht, oder ich bin wirklich gut darin, dies alles zu überspielen. Mit ihrer Sichtweise über mich als Schülerin liegt Monika jedoch völlig richtig. Ich bin freundlich und nett und will es allen recht machen. Wie sie bloß darauf kommt, dass dies anders geworden sein könnte? Gerade deshalb funktioniere ich doch so gut in der Geschäftsleitung: weil ich mich gut in meine Kollegen hineinversetzen und erraten kann, was sie denken und von mir hören wollen. So feinfühlig war ich schon immer. Wieso kommt sie nicht darauf, dass dies im Geschäftsleben nützlich sein könnte?

Zu Hause angekommen, werden Sandras Schwindelanfälle stärker. Sie bricht erneut zusammen und muss sich übergeben. Erschöpft liegt sie auf dem Bett und beschließt nach Jahren wieder zum ersten Mal, dass sie am nächsten Tag nicht zur Arbeit gehen will. Stattdessen sucht sie ihren Hausarzt auf und beschreibt ihre Symptome. Schließlich ist dieser an das Arztgeheimnis gebunden. Die Untersuchungen ergeben, dass Sandra medizinisch gesehen völlig gesund ist. Der Arzt nimmt sich einen Moment Zeit und befragt Sandra zu ihrem Tagesablauf. Er hört aufmerksam zu und kommt dann zu dem Schluss: „Sie leisten eine ganze Menge!" „Ja", strahlt Sandra. „Ich bin eine toughe Lady! Die Leute haben Freude an mir!" Daraufhin meint der Arzt: „Ja, die Leute vielleicht. Noch mehr Freude hätte aber wahrscheinlich Ihre Seele, wenn Sie sich mal um sich selbst so intensiv kümmern würden wie um die Leute." Sandra hört zu, versteht diesen Satz allerdings nicht. „Da kommt eine ganze Menge zurück, wenn ich mich so engagiere, wissen Sie? Ich habe 250 Followers, die mir fast täglich etwas Aufmunterndes schreiben. Die geben mir viel!" Der Arzt, ein älterer Herr, versteht nicht ganz. Darum fügt Sandra geduldig erklärend hinzu: „Nun, ich habe 250 Freunde im Internet, die mir täglich eine kurze Notiz zukommen lassen. Sie schreiben etwa so: ‚Sandra, es ist toll, dass eine so junge Frau sich für das Wohl unserer Gesellschaft engagiert.' Oder: ‚Wir zählen auf dich!' Oder: ‚Endlich mal eine Politikerin, die gut aussieht!' Oder: ‚Du bist unser Stern am Himmel, mögest du noch lange leuchten!'" Der Arzt lächelt gutmütig: „Ja, über die moderne Technik können wir mit vielen Menschen gleichzeitig verbunden sein, ohne sie zu kennen. Früher sagten wir noch: Papier nimmt alles an, es ist geduldig. Wahrscheinlich müsste man es heute anders formulieren: Das Display übermittelt alles, der Absender bleibt anonym, und der Empfänger kann damit machen, was er will." Auch diese Anspielung versteht Sandra nicht. „Wissen Sie, so ein Stern, der für alle leuchtet, an den die Menschen glauben, das ist doch toll! Das gibt mir viel, wenn ich das lese, das tut meiner Seele gut!" Der Arzt blickt sie lange und ernst an und meint: „Vielleicht sollten Sie sich mal im übertragenen Sinne Gedanken zu ihrem Schwindel machen." Wieder lächelnd gibt er Sandra eine Visitenkarte der Psychologin Sophia und meint: „Medizinisch gesehen kann ich nicht viel für Sie tun, junge Dame, außer Ruhe verordnen und Ihnen empfehlen, alle elektronischen Geräte für ein paar Wochen wegzuschließen. Doch vielleicht wollen Sie einmal mit jemandem, der in psychologischen Fragen geschult ist, über Ihren Schwindel sprechen?" Entgeistert blickt ihn Sandra an und meint: „Muss ich dahin?" „Müssen natürlich nicht. Das steht Ihnen frei. Ich empfehle das nur als Möglichkeit." Betroffen verlässt Sandra die Arztpraxis. Damit hätte sie nie im Leben gerechnet. Sie kämpft mit körperlichen Symptomen, und der Arzt schickt sie zum Psychologen. *Meint er, ich sei geisteskrank?* Bereits am Nachmittag sitzt Sandra wieder im Büro und schreibt an ihrem Konzept.

Nachdem die Schlafstörungen und Schwindelanfälle mit Erbrechen weiter zugenommen haben und Sandra morgens beinahe nicht mehr in die Gänge kommt, kramt sie Sophias Visitenkarte hervor und wählt ihre Nummer. Schon wenige Tage später hat sie einen Termin.

„Guten Tag, Sandra. Was führt Sie zu mir?" „Ich möchte, dass mein Stern noch möglichst lange am Himmel leuchtet“, antwortet Sandra schnippisch. „Das ist ein schönes Bild. Doch was verstehen Sie genau darunter?“ Sandra stellt ihr Anliegen wie folgt dar: „Ich bin jung, die Leute meinen, ich sehe gut aus, ich bin das jüngste Geschäftsleitungsmitglied in unserer Firma, ich bin in der Politik tätig, die Leute in der Umgebung drehen sich nach mir um, weil sie mich aus den Medien kennen, und ich habe 250 Followers, die mir fast täglich aufmunternde Worte schreiben. Und so soll es bleiben – nur meine Schwindelanfälle sollen endlich aufhören.“ Sophia blickt erstaunt: „So bleiben, für wie lange?“ „Nun, das weiß ich nicht genau. Mein Stern soll einfach nicht jetzt schon verglühen. Ich möchte meinen Status noch lange genießen und etwas für die Menschen bewegen können.“ „Hm“, macht Sophia, „der Umstand, dass Sie heute hier sind, birgt ein gewisses Risiko, dass sich etwas verändern könnte.“ Sandra erwidert nun etwas unwirsch: „Ich meine ja nur, ich möchte so leben wie bisher, aber ohne Schwindelanfälle und Erbrechen. Ich bin noch so jung. Da muss ich doch mein Leben auf die Reihe kriegen. Ich darf doch nicht jetzt schon zusammenbrechen und schlappmachen. Ich will meine Leute nicht jetzt schon enttäuschen, die zählen auf mich!“ Sophia fragt nach längerer Pause: „Gibt es denn für Sie einen bestimmten Zeitpunkt im Leben, an dem Sie sich gestatten würden, zusammenzubrechen?“ Sandra blickt irritiert und denkt: *Die spinnt.* Laut sagt sie: „Ich verstehe Ihre Frage offenbar nicht. Kein Mensch will zusammenbrechen, oder?“ Sophia fährt ruhig fort: „Ja, da bin ich ganz Ihrer Meinung. Vermutlich wünscht sich niemand einen Zusammenbruch. Allerdings haben Sie davon gesprochen, dass Sie heute noch als Stern am Himmel glänzen wollen und jetzt nicht schlappmachen können, weil Sie dadurch Ihre Leute frühzeitig enttäuschen könnten. Da habe ich mich halt gefragt, ob Sie sich, wenn Sie älter sind, eher eine Schwäche eingestehen könnten, also ob Sie in einem höheren Alter eher bereit wären, anderen Menschen Ihre Schwäche zuzumuten und diese allenfalls zu enttäuschen. Dies sozusagen als ein Privileg des Alters." *Wohin führt uns denn das? Ich bin ja noch nicht so alt und will, dass ich jetzt gesund und kraftvoll bin. Heute ist mir doch das Alter völlig egal. Ich will an den Himmel zurück und nicht das heulende Elend am Boden sein. Ich will den Schwindel weg haben. Und zwar jetzt, subito!* Sandra schweigt genervt. Sophia bemerkt das und schweigt ebenfalls.

Ich hätte das doch lieber mit Monika besprechen sollen. Die hätte wenigstens nicht geschwiegen. Die würde jetzt irgendetwas sagen. Vor allem hätte sie mir keine so doofe Frage gestellt. Sie hätte mir überhaupt keine Frage gestellt. Sie hätte mir gesagt: „Lass mal, das kommt schon wieder. Wir haben alle mal einen schlechten Tag." Dann wäre das Gespräch aus und vorbei gewesen, und ich hätte nicht über so dumme Fragen nachdenken müssen. Ich hätte überhaupt nicht nachdenken müssen. Gut, ich kann ja hier auch einfach wieder gehen. Ich zahle ja. Ich bin die Kundin und kann kommen und gehen, wann ich will. Bei Monika kann ich das nicht. Auf sie warte ich in der Regel eine halbe Stunde, dann quasselt sie mich voll und zieht wieder von dannen. Hier könnte ich die Psychologin warten lassen, sie volllabern und einfach wieder abdampfen, wann immer es mir passt. Der Kunde ist ja bekanntlich König. Das könnte ich ja mal ausprobieren. Ich könnte mich mal so richtig danebenbenehmen. Einmal nicht brav sein, sondern unfreundlich, garstig, frech, einfach völlig daneben. Etwas tun, was die von mir bestimmt nicht erwartet. Etwas, was ich auch noch nie getan habe. Die gibt mir keine Noten, sie gibt mir keinen Bonus und kann mir keine Beförderung aussprechen, sie hat keinerlei Macht über mich. Gut, sie wählt mich vielleicht nicht, aber auf die eine Stimme könnte ich noch verzichten. Ob sie sich ärgern würde? Bestimmt würde sie sich ärgern. Aber wodurch? Was könnte ich tun, was sie ärgert oder enttäuscht? Die denkt sicher, ich sei eine anständige junge Frau, die ein Problemchen hat. Was, wenn ich mich nun als Rotznase entpuppe? Was würde sie wohl tun?

Sophia fragt in das lange Schweigen hinein: „Oder haben Sie schon mal jemanden so richtig enttäuscht? Was haben Sie gemacht und was ist dabei herausgekommen?"

Kann die Frau Gedanken lesen? Ich bin drauf und dran, mir einen Streich auszuhecken und die stellt mir exakt diese Frage? Hexe! „Nein, ich habe mich immer darum bemüht, anständig zu sein und mich richtig zu verhalten. Damit habe ich auch niemanden enttäuscht. Und jetzt habe ich genug von diesen blöden Fragen und ziehe Leine, adieu, Frau Doktor!", sagt Sandra unvermittelt, steht abrupt auf und geht rasch zur Tür. Ohne sich nochmals umzudrehen, befindet sie sich – erstaunt über sich selbst – auf der Straße.

Wow, der habe ich es aber gezeigt! Das hat jetzt gutgetan, mal einfach davonzulaufen, jemandem sinnbildlich den gestreckten Mittelfinger hinzuhalten, und etwas tun, was einer nicht erwartet. Das sollte ich eigentlich öfters machen. Was die jetzt wohl von mir denkt? Leider werde ich es nie erfahren, denn ich kann ja unmöglich nochmals eine Sitzung buchen und sie fragen. Aber warum eigentlich nicht? Ich bezahle sie ja. Sie ist schließlich Psychologin. Vielleicht hat sie schon schlimmere Dinge erlebt. Aber wenn ich mir vorstelle, dass ich sie nochmals sehe, dann werde ich mich schon etwas schämen. Was die wohl für ein Bild von mir hat? Wie passt das zusammen: Geschäftsleitungsmitglied einer Versicherungsgesellschaft, Politikerin und dieses ungezogene Verhalten? Sophia denkt sicher, ich mache das immer so, wenn mir etwas nicht passt. Wenn die wüsste, dass ich dies das erste Mal gemacht habe. Vielleicht hätte sie dann ein anderes Bild von mir. Und wieso ist mir das nicht einfach egal, was diese Psychologin für ein Bild von mir hat? Ich bezahle sie ja! Im Grunde bin ich eigenartig. Ich zahle Sophia und erlaube mir dann, so zu sein, wie ich mich gerade fühle. Zahlen andere mich, dann richte ich mich nach ihnen aus und bin so, wie sie mich haben wollen. Wenn jedoch alle Menschen so wären wie ich, dann hätte sich Sophia eigentlich auch so verhalten müssen, wie ich es mir gewünscht habe. Das hat sie aber nicht. Sie hat mich gereizt mit ihren dämlichen Fragen, bis ich gegangen bin. Eigenartig.

Und wie verhalte ich mich Moni gegenüber? Moni zahlt mich nicht und dennoch sage ich ihr nicht, dass es mich ärgert, wenn sie mich warten lässt. Gut, sie ist meine beste Freundin. Ich möchte sie nicht verlieren. Ich habe also Angst, einen wichtigen Menschen zu verlieren, wenn ich ihm sage, dass ich mich über ihn ärgere. Ich sage also nur meine Meinung oder verhalte mich so, wie ich es eben getan habe, wenn ich in der mächtigeren Position bin oder mir diese Person komplett egal ist. Woher kommt denn diese merkwürdige Einstellung? Habe ich immer schon so gedacht? Wie war das früher, in einem anderen Alter? Ach nein, jetzt stelle ich mir schon dieselbe blöde Frage, die mir Sophia vorhin gestellt hat. Da kommt mir eine Episode aus der Jugend in den Sinn: Meine Eltern sagten uns Kindern stets, dass wir, solange wir die Füße unter ihrem Tisch hätten, machen müssten, was sie sagten. Also habe ich gemacht, was sie verlangten, denn sonst wäre ich vermutlich von zu Hause weggeschickt worden. Vielleicht hätte ich die Schule und das Studium nicht beenden können, weil meine Eltern mir kein Geld mehr gegeben hätten. Hinterfragt habe ich das nie! So ein Schwindel! Natürlich hätten meine Eltern weiter zahlen müssen. Rechtlich wären sie damit nicht durchgekommen. Dass mir dies auch nie in den Sinn gekommen ist? Aha, und eben war ich in der Position des Zahlenden und habe mir prompt gedacht, dass Sophia mir gehorchen muss. Und weil ich sie ja nicht wegschicken konnte, bin ich gegangen. Ist das nicht verrückt? Jetzt habe ich diese blödsinnige Frage auch noch beantwortet! Soll mich das nun ärgern, traurig machen, oder schäme ich mich gar am Ende noch?

Sandra beschließt, sich für ein paar Tage Ruhe zu gönnen. Sie lässt sich krankschreiben und nutzt die Zeit, weiter über diese Fragen nachzudenken. Nach einigen Tagen merkt sie, dass sie kaum mehr die Energie hat, sich morgens einen Kaffee zu kochen. Ihre Muskeln beginnen zu schmerzen, wie nach tagelangen Fußmärschen, und das Schwindelgefühl, gefolgt von Erbrechen, nimmt zu. Der Weg in die Küche kostet sie fast übermenschliche Kräfte, sie schläft 12 bis 14 Stunden. Die Krankschreibung wird in der Folge um zwei Wochen verlängert. Gegen Ende dieser beiden Wochen packt sie die Angst: Wie soll ich wieder ins Berufsleben zurück? Was soll ich denen sagen? Bringe ich die Kraft für den Beruf und meinen Wahlkampf wieder auf? Sehen die Leute mir diesen Zustand an? Was denken sie dann über mich? Sandra schleppt sich erneut zum Hausarzt, und dieser schreibt sie weitere zwei Wochen krank. Er legt ihr aber erneut nahe, sich psychologische Hilfe zu suchen. Sandra kämpft mit sich, schließlich entscheidet sie sich, es nochmals mit Sophia zu versuchen.

„Guten Tag, Sandra. Schön, dass ich Sie wiedersehe. Wir konnten uns nach dem letzten Gespräch gar nicht richtig verabschieden. Ich dachte schon, ich hätte Sie mit meinen Fragen so verärgert, dass Sie bestimmt keinen Fuß mehr in meine Praxis setzen würden." Sandra blickt erstaunt und meint: „Ja, sind Sie denn gar nicht böse auf mich?" Sophia lächelt und antwortet: „Sollte ich das? Wissen Sie, es gibt immer verschiedene Möglichkeiten, um sich voneinander zu verabschieden. Sie haben eine gewählt, die zugegebenermaßen nur sehr wenige meiner Klienten wählen, aber es ist eine von vielen Möglichkeiten. Natürlich hat sie mir eine Menge Interpretationsspielraum gelassen. So habe ich mich gefragt, ob ich Sie wohl zu stark mit meinen Fragen geärgert habe. Oder ob Sie einfach für sich die Wirkung einer neuen Verhaltensvariante austesten wollten. Oder ob das ein gängiges Verhaltensmuster von Ihnen ist, das Sie vor allem dann zeigen, wenn Sie in Erklärungsnot kommen. Weil ich die Antwort auf meine Fragen ohne Sie nicht finden kann, freue ich mich, dass Sie nochmals vorbeigekommen sind. Vielleicht möchten Sie sogar darüber sprechen?"

Sandra ist bass erstaunt: „Sie lassen mir das ruppige Verhalten vom letzten Mal also nicht einfach durchgehen, weil ich Sie dafür bezahle?" Jetzt muss Sophia lachen: „Nein, auf diese Idee wäre ich nicht gekommen! Alle meine Klienten bezahlen mich, und dennoch haben wir ein sehr partnerschaftliches Verhältnis zueinander. Was bringt Sie denn darauf, dass ich jedes Verhalten von Ihnen akzeptiere, nur weil Sie mich bezahlen?" Sandra meint trocken: „Weil das doch der Deal im Leben ist. Der, der Geld hat, sagt, wie es läuft!" Sophia entgegnet: „Und muss es dann so sein, dass der, der das Geld bekommt, das tun muss, was der Geldgeber will, auch wenn es ihm nicht passt?" Sandra: „Ja." Sophia: „Und, was könnte passieren, wenn der Abhängige das nicht tut?" „Dann wird er ausgeschlossen und verarmt." Eine längere Pause entsteht. Sophia weiter: „Sie sind wiedergekommen und lassen mich an Ihren Gedanken teilhaben, und ich bin zwischenzeitlich auch nicht verarmt. Obwohl ich vermutlich nicht immer angenehm für meine Klienten bin. Wie erklären Sie sich das?" Sandra lächelte: „Ich habe lange darüber nachgedacht, ob ich wiederkommen soll. Mein Verhalten hat mir zuerst gutgetan, dann habe ich mich geärgert, und zuletzt habe ich mich dafür geschämt. Als ich dies alles durchlebt hatte, habe ich mich gefragt, wie es dazu kommt, dass ich mich meist so verhalte, wie mich die anderen haben wollen. Ich habe mich auch gefragt, was wohl der Grund gewesen ist, dass ich mich ausgerechnet bei Ihnen so ganz anders als sonst verhalten habe. Ja, ich habe ausprobieren wollen, wie sich das anfühlt, wenn ich ruppig und rebellisch bin. Ich habe dies aber nur geschafft, weil ich die Stunde bei Ihnen bezahle. Ihre Reaktion ist allerdings eine andere, als ich erwartet habe, und darum bin ich auch etwas verwirrt. Sie gehen wohl von ganz anderen Grundsätzen im Leben aus?"

Sophia staunt: „Sandra, ihre Überlegungen sind ja schon sehr weit gediehen. Ich gratuliere Ihnen! Ja, die Vorstellungen und Weltbilder der Menschen unterscheiden sich wohl und hängen mit dem bisher Erlebten stark zusammen." Sandra zögert etwas, ehe sie fragt: „Es ist wohl aber nie zu spät, um sich neu auszurichten?" Sophia schmunzelt: „Nein, das hingegen weiß ich mit Bestimmtheit." Sandra nun etwas mutiger: „Mir ist auch das mit dem Schwindel und Erbrechen etwas klarer geworden. Kann es sein, dass der Körper uns auch metaphorische Signale gibt?" Sophia: „Ja, wenn medizinisch gesehen keine körperliche Ursache des Leidens ausgemacht werden kann, dann besteht die Annahme, dass die Psyche eines Menschen sich meldet." Sandra: „So etwas dachte ich mir. Mein Schwindel sagt mir vermutlich viel darüber, wie ich mein Leben lebe. Es dreht sich so vieles um die Meinungen der anderen. Das heißt, ich beschwindle mich oder ich betrüge mich um mein eigenes Leben. Und dies wiederum ist im Grunde doch zum ‚Kotzen', nicht?" Sophia muss lachen: „Das haben Sie gesagt. Wenn Sie das so erleben, dann kann das schon etwas für sich haben."

Trotz des vordergründig etwas schwierigen Starts von Sophia und Sandra finden die beiden im zweiten Anlauf eine gute Vertrauensbasis. Innerhalb eines halben Jahres schafft Sandra es, ihre eignen Bedürfnisse anzuerkennen und ansatzweise auch Dritten gegenüber zu formulieren. Zunächst probiert sie ihre neue Verhaltensweise in privatem, vertrautem Umfeld, bei Monika aus. Diese reagiert darauf mit großer Offenheit und meint, dass sie selten je so spannende und tiefgreifende Gespräche mit Sandra geführt habe. Ohne dass Sandra es ausgesprochen hat, erscheint Monika neuerdings pünktlich zu den Verabredungen. Durch dieses Erlebnis ermutigt, wendet Sandra ihr neues Verhalten auch im Geschäft an. Dort allerdings sind die Reaktionen verhalten. Ihre Kollegen kommen damit weit weniger gut klar als Monika. Innerhalb ihrer politischen Partei wird Sandra aber anerkennend gesagt, dass sie an Format gewonnen habe und viel klarer in ihren Auftritten sei. Die Wahl zur Gemeinderätin habe ihr wohl gutgetan … Zunehmend verändern sich ihre politischen Themengebiete und verlagern sich von Wirtschafts- und Steuerfragen auf Umwelt- und Energiepolitik. Mit dem Beruf hadert Sandra noch längere Zeit. Sie weiß inzwischen, dass sie noch andere Interessen als Beruf und Politik hat. Doch bringt der Beruf das notwendige Geld, um einen gewissen Wohlstand zu sichern.

Weitere zwei Jahre später wagt Sandra einen großen Schritt und wechselt in die Marketingabteilung eines Kleinunternehmens für Photovoltaikprodukte. Sie arbeitet noch 80 Prozent und kann Politik und Beruf thematisch ideal verbinden. Dies verkürzt die Einarbeitungszeit in die jeweiligen Themen. Außerdem genießt Sandra bei diesem Unternehmen von Beginn an den Ruf einer selbstbewussten und eigenständigen Persönlichkeit, die für ihre Bedürfnisse und Meinung klar eintreten kann. Diese Eigenschaft wird von ihren neuen Kollegen sehr geschätzt, was sie wiederum in ihrer Haltung bestärkt.

Die Schwindelanfälle werden immer weniger, bis sie schließlich ganz verschwinden. Sandra meint rückblickend: „Mein Körper hat mir meinen Lebensschwindel auf eindrückliche Art und Weise gezeigt, so dass ich nicht mehr darum herumgekommen bin, hinzusehen und für mich etwas zu tun. Damals hätte ich gut und gerne auf diese Erfahrung verzichten können. Heute aber bin ich froh, dass ich mich aufgrund meines Leistungseinbruchs auf den Weg machen musste. Der Aufwand ist groß gewesen. Doch der Preis, den ich für meine vorherige Lebensweise bezahlt habe, war viel höher und hat mich beinahe in eine psychiatrische Klinik gebracht. Natürlich bin ich stolz darauf, was ich früher erreicht und geleistet habe, und möchte das auch nicht missen. Ich habe viel gelernt und weiß, wozu ich fähig bin und wo meine Grenzen sind. Heute aber bin ich ruhiger und habe viel mehr innere Kraft, um mein Leben selbst zu gestalten. Früher wurde ich von den anderen gesteuert oder ließ mich durch sie steuern oder hatte das Gefühl, dass ich mich steuern lassen müsse. Wie dem auch sei, heute weiß ich, dass nur Selbststeuerung wirklich zufrieden macht und langfristig energiebringend statt kräftezehrend ist. Und es ist wunderbar, dass ein Teil meines früheren Umfeldes mich heute ganz anders, nämlich positiver wahrnimmt. Ich hätte mir das früher gar nicht vorstellen können, dass mein Umfeld so gut mit meiner veränderten Art umgehen kann.

Manche Personen kamen mit meiner Entwicklung aber auch nicht so gut zurecht, was dazu geführt hat, dass ich mich anders positioniert und anders ausgerichtet habe. Dies war die schwierigste Entscheidung, doch zum Schluss wohl auch die gewinnbringendste und für meine Gesundheit wohl die nachhaltigste. Ich habe gelernt, dass es mich nicht umbringt und ich auch nicht verarme, wenn ich nicht das tue, was andere von mir erwarten, und stattdessen meinen eigenen Weg gehe. Das ist meine größte Erkenntnis gewesen, die mich schließlich von den Bürden, Zweifeln und Zwängen befreit hat. Viele meiner Followers haben mir zum Jobwechsel gratuliert, und viele haben sich abgemeldet. Einige Kontakte pflege ich noch mittels Social Media. Doch beschäftige ich mich höchstens noch einmal pro Woche für ein bis zwei Stunden damit. Denn der wichtigste Follower, mit dem ich heute am meisten Kontakt habe, bin ich selbst!“

Psychologischer Hintergrund der Geschichte

Sandra ist ein sozialer Typ und hat Angst, nicht geliebt und somit aus einem sozialen System ausgeschlossen zu werden. Ausschluss aus dem sozialen System bedeutet für sie unbewusst auch, kein Geld mehr zu bekommen und dadurch zu verarmen. Deshalb richtet sie sich nach der Meinung anderer aus und erfüllt deren – auch unausgesprochenen – Erwartungen. Das heißt, sie interpretiert auch häufig, was die anderen wohl von ihr denken könnten, wenn sie sich so oder anders verhält. Das Streben nach Zugehörigkeit zu einer Gruppe ist mit den Jahren derart stark geworden, dass sie über Facebook 250 Followers pflegt, Tag und Nacht erreichbar ist und sich aktiv in verschiedenen sozialen Systemen bewegt. Sie lebt das Leben von anderen und für andere. Dadurch wird sie sich selbst jedoch nicht gerecht. Dieses fremdgesteuerte Leben führt dann auch zu gesundheitlichen Beschwerden und mündet in eine Leistungskrise. Wie Sandra selbst berichtet, sendet ihr Körper ihr in Form von Schwindel und Erbrechen schon fast metaphorische Botschaften. Sie gerät dadurch in einen inneren Konflikt. Ihr Konfliktlösungsprozess beginnt mit dem Anzetteln eines Ausbruchs beziehungsweise mit dem Ausbrechen aus alten Mustern in der ersten Sitzung bei Sophia. In einem für Sandra „ungefährlichen" Rahmen probiert sie aus, wie es sich wohl anfühlen würde, einmal etwas Unerwartetes und ganz Anderes als bisher zu tun. Anders als Erich, entscheidet sie sich für das Heraustreten aus ihren eigenen zu eng gesetzten Grenzen. Sie durchbricht das soziale Skript und steigt vorerst aus einer Verbindung aus, indem sie die Sitzung bei Sophia abrupt abbricht. Dies als Kehrseite der Medaille zu

Erich, in der Geschichte „Ein pensionierter CEO lehrt den Tanz“. Dieser Schritt macht es Sandra möglich, in sich hinein zu hören und andere Gedanken als bisher zu fassen. Für einen Moment löst sie sich gänzlich von ihrem sozialen Netz und nutzt die Zeit ihrer Krankschreibung, ihre Lebenseinstellung grundlegend zu überprüfen. Um sich die Rückkehr ins aktive Leben zu erleichtern, sucht sie erneut, jedoch behutsam den Kontakt zu Sophia. Sie macht die Erfahrung, dass sie durch ihren sozialen Rückzug und Abbruch der Sitzung bei Sophia nicht automatisch aus sozialen Systemen ausgeschlossen wird und auch nicht verarmt, sondern dass ein neuer, für sie gesunder und kräftigender Lebensweg mit deutlich weniger inneren Konflikten und Stress beginnen kann.

2 Wie Menschen des Ordnungsstrukturtyps mit Konflikten umgehen

2.1 Mutter sucht neue Herausforderung

„Nein, heute Abend zur Weihnachtsfeier, da bin ich nicht da. Unten steht Jans Bruder. Wir fahren zum Flughafen, und Jan und ich fliegen nach New York." „Wie bitte? Andy, das sagst du mir erst jetzt? Für wie lange, mit welchem Geld? Kann man mit dir nicht mehr vernünftig reden?" „Ach, Ma, hätte ich dir das früher gesagt, dann hätten wir endlose Diskussionen gehabt. Jan hätte sich bei dir vorstellen müssen, und du hättest an ihm herumgemäkelt, und wir hätten gestritten. New York hätte dir nicht gepasst, und überhaupt wäre deiner Meinung nach alles eine Schnapsidee gewesen, was wir vorhaben. Nein, ich bin jetzt 18 Jahre, habe vor ein paar Monaten das Abitur gemacht, und nun bin ich endlich frei. Frei, frei, frei! Ich mache, was mir passt, und verreise, mit wem es mir passt. Geld? Für den Flug habe ich alles zusammen, und auch für ein paar Nächte in einer Pension reicht mein Erspartes. Und wenn du es genau wissen willst, den Rest werde ich irgendwie zusammenkriegen mit irgendeinem dämlichen Job da drüben. Jan ist ein prima Kumpel. Wir mieten oder kaufen eine Karre und reisen durchs Land. Und weißt du was? Wir sind komplett unvorbereitet, haben keine weiteren Pläne, keine Reservierungen, wir leben einfach in den Tag hinein. Wir entscheiden von Minute zu Minute. Kein ‚Was machen wir morgen?', kein ‚Haben wir schon was reserviert?', kein ‚Bist du sicher, dass diese Pension auch schön, sauber, sicher und nett ist?', kein ‚Sind meine Schuhe sauber, und sitzt meine Frisur?', kein ‚Sei aber bitte pünktlich!', keine Zwänge, keine Prüfungen, keine Terminpläne, einfach Freiheit pur! So, jetzt weißt du Bescheid und kannst dich in Geduld üben. Irgendeines schönen Tages stehe ich wieder vor deiner Tür, hole meine Sachen ab und habe irgendwo hier in der Stadt eine Bleibe, einen Job und vielleicht sogar eine Freundin. Du wirst das zu gegebener Zeit erfahren. Schau du nur für dich, ich bin jetzt nämlich weg! Ach, und mein Handy liegt im Zimmer, ich habe ein neues mit einer neuen Nummer. Das heißt, irgendwann werde ich dich mal anrufen. Und noch etwas: Wenn du mich beim nächsten Mal mit meinem Namen ansprichst, dann bitte mit Andreas, so wie ich getauft worden bin. Andy klingt mir zu kindlich! Also Ciao!" Nach dieser Verlautbarung nimmt Andreas seine Sporttasche, verlässt die Wohnung und stürmt zum wartenden Auto. Christine hält den Atem an, reißt Augen und Mund auf, bringt aber keinen Ton heraus.

Hast du Worte? Was soll jetzt das nun wieder? Mein Sohn stellt mich einfach vor vollendete Tatsachen. Fragt mich nicht, bespricht sich nicht mit mir, sondern stellt mich am 24. Dezember vor vollendete Tatsachen. Ich, seine Mutter, werde übergangen und aus seinem Leben ausgeschlossen. Was habe ich für Andy – oder Andreas – nicht alles getan? Er hatte es doch gut bei uns zu Hause. Hat bekommen, was er brauchte. Nein, also dieses Verhalten habe ich nun wirklich nicht verdient. Na, warte, wenn du je Geld von mir brauchen solltest, dann hast du dich geschnitten. So nicht, mein Lieber. Keinen roten Heller kriegst du. Ich habe auch meinen Stolz! Da kannst du dich aber lange winden und betteln. Nichts, gar nichts wirst du von mir kriegen. Wie soll denn das gehen? Eine Karre kaufen? Der hat ja nicht mal einen Führerschein. Ein Zimmer mieten, mit welchem Geld? Einen ‚dämlichen' Job in New York? Auf den Bengel werden die da drüben ja gerade noch gewartet haben! Nein, nein, der wird wiederkommen, Christine, du wirst sehen. Angekrochen wird er kommen. Der stellt sich das Leben etwas zu einfach vor. Ist ja noch ein Kind. Und nun diese großen Töne! Durchs Land reisen, von der Hand in den Mund leben, keine Vorschriften, keine Zwänge aushalten müssen. Ha, wenn ich das meiner Mutter mal gesagt hätte. Das wäre ja überhaupt undenkbar gewesen. Nein, nicht mal in meinen schönsten Träumen wäre ich je darauf gekommen, mich so aufzublasen wie dieser Bengel.

Was wohl Robert dazu sagt? Oder hat Andy – Andreas – mit Robert gesprochen? Würde den Männer ja ähnlich sehen. Die halten doch immer zusammen. Robert hat sicher gelacht und gesagt: ‚Ja, ja, mach nur mein Sohn, du hast es verdient.' Robert, der setzt sich ja gar nicht mit uns auseinander. Der will einfach nur in Ruhe gelassen werden. Nun, vermutlich hatte Robert, wie üblich, ja gar keine Zeit für solche Diskussionen. Robert hat überhaupt nie Zeit, weder für Diskussionen noch für was anderes. Die Erziehung der Kinder habe ich ja auch allein übernommen. Der Vater glänzte eigentlich immer durch Abwesenheit. Vielleicht ist das der Grund, warum sich Andreas so aufführt. Ihm hat doch der Vater gefehlt! In die Ferien bin ich meist mit den Kindern allein gefahren. Also wieso sollte sich Robert jetzt als Vertrauter von Andreas erweisen? Gefehlt hat er mir eigentlich nicht, der Robert. Im Grunde war mir seine Abwesenheit ganz recht. Ich hatte ja die Kinder, und mit ihnen habe ich viel unternommen. Die waren ja auch süß. Am liebsten mochte ich sie, als sie zwischen zwei und sieben waren. So hilflose Geschöpfe, schutzbedürftig, anhänglich, begeisterungsfähig. Ich konnte ihnen alles zeigen: die Tiere im Zoo, die Berge, die Blumen, lustige Bücher, und sie waren so dankbar. Robert hätte diese Idylle wahrscheinlich eher gestört. Ich war bisher eigentlich ganz froh, dass er so viel gearbeitet hat und umhergereist ist. So hatte ich die Kinder für mich allein.

Jetzt ist Andreas, der Jüngere, auch weg. Vorigen Sommer Gabi. Gabi hatte es ja auch eilig. Die musste ja unbedingt mit ihren 20 Jahren schon heiraten, obwohl nicht mal ein Kind unterwegs ist. Wenn Gabi wenigstens ein Kind erwarten würde. Ja, das wäre schön. Dann würde ich es sicher oft hüten dürfen. Aber nein, auch das ist mir nicht vergönnt. Nur ausziehen und heiraten. Und die Mutter darf nicht einmal danach fragen, ob denn bald ein Kind angesagt ist. Mensch, hat Gabi sauer auf meine Frage reagiert: ‚Ein Kind? Wieso sollte ich schon ein Kind wollen? Nein, Phil und ich wollen das Leben noch lange genießen. An Kinder denken wir nicht mal. Vielleicht will ich gar keine. Im Übrigen geht dich das auch überhaupt nichts an. Das ist nun wohl wirklich meine und Phils Angelegenheit! Halt dich da bloß raus, Mama!' Dann habe ich mich getröstet, dass wenigstens Andreas noch zu Hause wohnt. Er hätte doch bequem hierbleiben können und sein Studium machen. Dann wäre die Wohnung wenigstens noch etwas belebt gewesen. Diese Leere. Diese Leere ist ja kaum auszuhalten. Und Robert? Robert ist auch nie da, wenn man ihn braucht.

Andreas meint es ernst. Er fliegt am 24. Dezember nach New York, und bis Ende März bekommen seine Eltern keine Nachricht von ihm. Robert nimmt dieses Verhalten gelassen. Er findet, dass sich sein Sohn ein bisschen Freiheit verdient hat. Die Schule sei immerhin sehr anstrengend gewesen. Robert macht sich auch keine Sorgen, dass Andreas etwas passieren könnte. „Der Junge geht schon nicht unter, das ist ein Überlebenskünstler." Christine aber schwankt zwischen Angst, Wut und Enttäuschung. Wer braucht sie jetzt noch? Die Decke fällt ihr schon morgens auf den Kopf. Ihre wenigen Freundinnen raten ihr, Kurse zu besuchen, um vielleicht wieder in ihren Beruf als Werbefachfrau einsteigen zu können. Christine lehnt diese Vorschläge mit einem süßsauren Lächeln dankend ab. „Ach, die Werbebranche ist doch nicht mehr, was sie früher war. Heute geht alles hopp, hopp, und auf Qualität wird keinen Wert mehr gelegt. So wie die heute arbeiten, das ist einfach nicht professionell. Das kann ich mit meinen Qualitätsansprüchen nicht vereinbaren. Dort würde ich nicht glücklich." Sie kommt stattdessen auf die Idee, aus Gabis ehemaligem Kinderzimmer ein Atelier zu machen. Früher hat sie Illustrationen gezeichnet und Plakate gemalt. Das war ihr Hobby. Wieso sollte sie mit knapp 50 Jahren dieses Hobby nicht wieder aufnehmen? Die Leute behaupteten damals, sie sei sehr begabt, fast eine Künstlerin. Robert ist froh, dass seine Frau wieder eine Beschäftigung gefunden hat, die sie offenbar zufrieden stimmt. Er unterstützt diese Bemühungen und lobt Christine für jede ihrer Arbeiten. Er treibt sie an, genauer zu beobachten, in die Natur zu gehen und dort zu zeichnen. „Weißt du", sagt er, „wenn du ein paar richtig gute Bilder zusammen hast, dann mache ich in meiner Firma eine Ausstellung." Diese Aussicht motiviert Christine. Eine richtige Ausstellung? Sie eine Künstlerin mit eigener Ausstellung? Gesagt, getan, Robert stellt die Eingangshalle seiner Fabrik zur Verfügung. Er lädt seine Angestellten, seine engsten Freunde und einige größere Lieferanten ein. Die Bilder gelten allgemein als dekorativ, und es werden auch einige gekauft. Christine ist glücklich und stolz auf sich.

Andreas meldet sich von Washington, D. C., es gehe ihm und Jan sehr gut. Sie hätten Möglichkeiten, da und dort ein bisschen Geld zu verdienen. Außerdem hätten sie ein Auto gekauft und auf einem Parkplatz geübt. Keiner hätte je zuvor ein Auto gefahren, aber die Übungen auf einem privaten Gelände seien lustig. Jetzt könnten sie das Gas gut dosieren, und der Motor saufe fast gar nicht mehr ab. Sie wollten schon bald die Fahrprüfung machen, und dann würden sie quer durch Amerika reisen. Sie planten so gegen Ende Dezember wieder zurückzukommen. „Was, gegen Ende Dezember?" „Ja, Ma, gegen Ende Dezember. Schön, dass du malst! Ich wünsche dir viel Spaß. Tschüss!" Klick, und das war es. Christine versteht: *Der Bengel kommt nicht mehr angekrochen. Nichts mehr mit Mutters Schoß. Der hat sich doch tatsächlich von einem Tag zum anderen abgenabelt. Ich kann also auch sein Zimmer zum Aufbewahrungsort für meine Bilder umfunktionieren! Na, gut, dann verdiene ich eben auch Geld als Künstlerin! Der Anfang war ja schon mal ein großer Erfolg.*

Auch die zweite und dritte Vernissage läuft noch ganz erfreulich für Christine. Robert hilft, wo er kann. Nutzt seine Kontakte. Lädt ein, was Rang und Namen hat. Er schenkt guten Champagner aus, und dazu gibt es feine Häppchen zu essen. Christine hat sich eine neue Garderobe zugelegt und zeigt sich von ihrer glänzenden Seite.

Robert beobachtet sie eine Weile: *Die neue Hochsteckfrisur, eine Haartolle aus einem französischen Zopf, welchen sie mit einem Haargummi am vorderen Kopf fixiert und mit Haarspray festsprüht, sieht mächtig aus. Die neue Farbe, aschiges Blond, statt Braun, wirkt vielleicht etwas zu jung. Nun, sie will ja jetzt auch wie eine Künstlerin und nicht mehr wie eine Mutter aussehen. Doch die hautengen Jeans und die fast 15 Zentimeter hohen Pumps Modell „traumhafte Lackleder-Peeptoes" sind für meinen Geschmack wirklich etwas zu frech. Ich wirke neben ihr ja wie ein Zwerg! Wohin das wohl führen mag? Mehr Bilder können die Leute auch nicht verkraften. Irgendwann sind deren Wände voll und ihr Goodwill ist dann erschöpft. Neue Käufer kommen nicht dazu. Die Vernissagen sprechen sich zwar herum, aber unter den neuen Besuchern gibt es keine Käufer. Die Leute kommen nur, weil hier ein paar wichtige Leute zusammenstehen und sie Kontakte knüpfen wollen.*

Robert liegt mit seiner stillen Vermutung richtig. Neue Käufer kommen nicht dazu. Die Besucherzahl schrumpfte zu einem kleinen Grüppchen zusammen. Um Christine eine Gefallen zu tun, greift Robert noch nach einigen Strohhalmen und gestaltete Flyer, die er an alle Haushalte seines Wohnquartiers verteilen lässt. Andreas, der wieder aus Amerika zurück ist, hat seinen Plan umgesetzt und wohnt in einer Wohngemeinschaft mitten in der Stadt. Er bespricht sich mit seiner Schwester Gabi, um bei ihr zu Hause für gemeinsame Freunde die Bilder zu präsentieren. Doch alle Rettungsversuche helfen nicht, Christine erleidet einen Nervenzusammenbruch. Sie weint viel, geht nicht mehr aus dem Haus, malt nicht, trifft keine Freunde und Bekannte mehr, sondern zieht sich vollkommen zurück. Robert macht sich größte Sorgen. Als er seinem Freund davon erzählt, gibt der ihm Sophias Adresse.

Christine, durch ihren Mann und ihre Kinder gedrängt, entscheidet sich schließlich, Sophia aufzusuchen, innerlich der festen Überzeugung, dass das überhaupt nichts bringen wird. Doch kann dieser Beweis ja nur erbracht werden, wenn sie auch ein paar Termine wahrnimmt.

„Was ist Ihr Anliegen für heute, Christine?", fragt Sophia freundlich. „Ich weiß nicht, mein Mann und meine Kinder meinten, es sei nötig", antwortet Christine. „Nun, wie sind denn Ihr Mann und Ihre Kinder darauf gekommen, dass es nötig ist? Woran haben die denn das gemerkt?" „Ach, ich weiß nicht, weil ich einmal geheult habe, vielleicht." „Ah, das hat Ihre Angehörigen also beunruhigt, weil sie das an Ihnen sonst vielleicht nicht kennen?" Christine fühlt sich schon etwas in die Enge getrieben und reagiert ärgerlich: „Ja, die sind auch zum Heulen! Da schicken die mich zu einem Psychologen, dabei sind sie es, die zum Heulen sind. Wenn die sich nur etwas anders verhalten würden, dann wäre alles so wie früher, und ich wäre wieder glücklich." „Ja", nickt Sophia, „es wäre manchmal einfach schön, wir hätten so eine Fernbedienung, um unsere Umwelt auf einen anderen, angenehmeren Kanal zu schalten. Aber die hat halt noch niemand erfunden. Ist ja auch vielleicht ganz gut, sonst könnte Ihre Familie sie auch bei Ihnen einsetzen …" „Ja, Gott behüte, das würde gerade noch fehlen, dass die mich einfach umschalten könnten!" „Sehen Sie", meint Sophia, „so eine Fernbedienung will am Ende doch niemand. Aber was könnten Sie denn dazu beitragen, dass Ihre Familie etwas weniger zum Heulen wäre?" Diese Frage hat Christine gerade noch gefehlt: „Ich? Sie fragen im Ernst nach meinem Beitrag? Ich? Wieso *ich*? Jetzt will ich Ihnen mal was sagen, junge Frau: Ich habe mein Leben lang meinen Beitrag geleistet. Ich habe meiner Familie jeden Wunsch von den Augen abgelesen, habe auf meinen Beruf verzichtet, der Kinder wegen, ich habe die Wohnung im Schuss gehalten, damit mein Mann ein schönes Zuhause hat, ich habe gewaschen, gebügelt, geputzt, gekocht, den Kindern bei den Schulaufgaben geholfen, sie zum Reiten, Tennis, Judo und ins Schwimmbad gefahren, ich habe Geburtstagsfeste organisiert und was weiß ich, was noch alles. Tag für Tag und Jahr für Jahr. Also wirklich, Sie fragen nach meinem Beitrag? Haben Sie eigentlich Kinder?" Sophia antwortet ruhig und bestimmt: „Ja, das ist sehr viel, was sie geleistet haben. ‚Danke', hat dafür wohl kaum jemand gesagt, weil diese Leistung wahrscheinlich für selbstverständlich genommen worden ist. Sie haben sehr viel gegeben, höre ich, und vielleicht ist es so, dass Sie nun hierfür endlich einmal was bekommen wollen? Aus Ihrer Sicht verstehe ich, dass Sie meine Frage verletzt haben muss." „Ja, das hat sie wohl! Wenigstens können Sie das zugeben." „Nun ja, Sie haben mir auch sehr schön geschildert, wo Sie der Schuh drückt, und das hat mich beeindruckt. Es ist oft viel, was die Kinder und der Ehemann einem abverlangen, ohne darüber nachzudenken, was das für eine Mutter und Ehefrau bedeutet. Gerade der Verzicht auf den Beruf wird allzu oft noch als zu selbstverständlich hingenommen."

Christine lehnt sich etwas entspannter im Stuhl zurück: „Nun ja, das ist einfach so gekommen. Ich wollte ja selbst nicht mehr arbeiten. Irgendwie wurde mir das zu viel, und ich fand es eigentlich ganz schön, bei den Kindern zu bleiben. Wissen Sie, Kinder, die sind mein Hobby, da kann keine bezahlte Arbeit mithalten. Sie brauchen einen, und meine haben ganz besonders an mir gehangen. Da wollte ich sie auch nicht abgeben. Ich habe sie auch nur ungern meiner Mutter oder Schwiegermutter anvertraut. Also wenn ich es so überdenke, dann war das schon eher meine Entscheidung, nicht berufstätig zu sein. Mein Mann hätte es nämlich durchaus gerne gesehen. Er sagte früher häufig zu mir: ‚Stine, dass du mir nicht verdorrst daheim. Du solltest raus, Leute treffen, arbeiten, etwas für dich machen; die Kinder bleiben nicht so klein, die werden größer und selbständiger.' Im Grunde war ich es, die diese Ratschläge in den Wind geschlagen hat. Ich dachte, ja gut, dass ist dann in zwanzig Jahren. Bis dahin wird sich schon eine Lösung finden, was ich dann anderes tun könnte. In dem Moment sah ich nur die kleinen Zwerge, die mir am Rockzipfel hingen. Das war einfach schöner als in der Werbebranche, wo ich machen musste, was mir mein Chef sagte, und wo ich die Kritik meiner Kolleginnen ertragen musste. Das autoritäre Gehabe eines Chefs und das schnöde Getue von Kollegen habe ich schon immer schlecht ertragen." „Wenn ich Sie so sprechen höre, dann gewinne ich den Eindruck, Sie hätten über längere Zeit Ihre Berufung als Mutter und Hausfrau gefunden." „Ja, das stimmt schon irgendwie. Ja, dies waren für mich die schönsten Jahre. Mein Mann war selten daheim, oft auf Reisen, hat sich in nichts eingemischt. Er hat mich machen lassen. Er hat sich zwar nie bei mir bedankt, aber er hat mich auch nie kritisiert. Es gibt ja Männer, die wollen einen Anteil an der Kindererziehung haben. Das wäre wahrscheinlich nicht gut gegangen, wenn Robert sich da eingemischt hätte." „Nun, Sie hatten also einen Beruf als Hausfrau und Mutter, den Sie über Jahre, wenn nicht Jahrzehnte, geliebt haben. Das kann nicht jeder von sich behaupten, das ist super." Christines Gesicht hellt sich auf: „Ja, das ist eigentlich wahr. Ein Danke brauchte ich gar nicht, weil es Dank genug war, dass ich das machen konnte, was ich im Grunde immer gewollt habe."

Sophia fährt fort: „Das klingt schön. Nun hat sich die Situation, wie dies ja vorauszusehen war, verändert. Die Kinder sind erwachsen geworden. Gesunde Menschen lösen sich eines Tages vom Elternhaus. Und das ist für Sie vermutlich schwierig, weil der natürliche Verlauf der Dinge an Ihrer Existenz gerüttelt hat. Für Sie hat sich sozusagen Ihr Berufsbild verändert, und nicht nur das, auch Ihre Persönlichkeit, das, was Sie waren, nämlich eine sehr fürsorgliche Mutter, musste angepasst werden. Das ist schwer, nicht?" Christine wieder aufgeregt: „Schwer? Das ist ungerecht! Ich hätte da mehr Rücksicht von den Kindern erwartet!" „Erwartungen sind Wünsche, die wir an Dritte haben, aber ohne Gewähr, dass sie in Erfüllung gehen. Weil wir ja eben diese Fernbedienung nicht haben ... Wissen Sie, im Grunde hatten auch die Kinder keine andere Wahl, als Sie als Mutter so zu akzeptieren, wie Sie waren, und so, wie Sie Ihren Auftrag als Mutter verstanden haben. Auch die Kinder konnten sich nicht einfach eine andere Mutter wünschen. Es ist die, die einem das Schicksal zuteilt, und mit ihr arrangiert sich das Kind. Was ich meine ist: Wie sicher können Sie sein, dass Ihre Kinder so behütet sein wollten? Vielleicht wollten sie lieber mit dem Fahrrad ins Schwimmbad und wollten gar nicht mit dem Auto gefahren werden. Vielleicht hätten sie es lustig gefunden, wenn ihre Mutter berufstätig gewesen wäre und sie mehr bei ihren Großeltern gewesen wären? Wir wissen es nicht, weil Kinder im jüngeren Alter solche Entscheidungen nicht treffen können. Sie danach zu fragen, wäre nicht möglich gewesen und hätte sie wahrscheinlich in einen Loyalitätskonflikt gestürzt. Ihre Kinder haben mit der Situation, wie sie war, und mit der Mutterrolle, wie Sie sie verstanden und ausgeübt haben, ebenfalls leben müssen. So wie Sie, Christine, heute mit den Entscheidungen der erwachsenen Kinder leben müssen."

„Damit leben, dass ein 18-Jähriger am 24. Dezember ohne Vorinformation in die USA abhaut, so nach dem Motto ‚Ich muss mal eben Zigaretten holen gehen', und nach drei Monaten höre ich bei einem zweiminütigen Anruf, dass er erst nach weiteren neun Monaten wiederkommen will? Das muss ich mir nach all den Jahren bieten lassen?" „Nun ja, jeder junge Mensch geht seinen eigenen Weg der Abgrenzung und Abnabelung von zu Hause. Andreas hat einen – zugegebenermaßen – recht unkonventionellen Weg gewählt. Er ist ziemlich kreativ, Ihr Sohn, nicht?" Da musste Christine lachen: „Ja, kreativ, das kann man wohl sagen! Was der uns schon für Streiche gespielt hat. Einmal hat er eine Dogge nach Hause gebracht und behauptet, das sei ein Geschenk seines Mathelehrers gewesen. Er brauche wohl diesen Schutzhund, wenn er sich daheim mit seinen Noten in Mathematik blicken lassen wolle! Auf diese Weise hat er mir beigebracht, dass er ein miserabler Schüler in Mathematik ist. Ich musste seine Noten unterschreiben. Er sagte, die Dogge würde er wieder dahin bringen, wo sie hingehöre, wenn ich die Unterschrift, ohne zu schimpfen, gebe und auch alle weiteren Unterschriften, die ich sicherlich noch zu leisten hätte, denn sonst würde die Dogge für immer bei uns bleiben. Ich hatte ja solche Angst vor diesem riesigen Hund! Da blieben mir die Worte weg. Nun, er studiert ja auch Politik- und Kommunikationswissenschaften, und danach will er ins Marketing oder in den Journalismus gehen. Da sollte man schon kreativ sein, nicht? Aber daneben ist sein Verhalten trotzdem. Obwohl, so mit ein bisschen Abstand ist es auch wieder eine originelle Geschichte, die zu Andy, äh … Andreas passt. Stimmt schon."

„Ja, sehen Sie. Ihre Kinder gehen eigene Wege, je nach ihrer Art. Ich glaube, es könnte nützlich für Sie sein, nun Ihre Rolle neu zu definieren. Die Rolle der Kinder ist – meiner Meinung nach – nicht, nun für Sie da zu sein. Sie haben vielleicht irgendwann selbst Kinder, dann ist es an ihnen, für ihre eigenen Kinder da zu sein. Aber alle Eltern kommen an den Punkt, wo sie die Kinder gehen lassen sollten, und es ist an den Kindern, freiwillig zu entscheiden, wann und wie oft und in welchem Maß oder in welcher Art und Weise sie für die Eltern da sein wollen. Eine Pflicht hierzu besteht, so wie ich das sehe, in der heutigen Zeit, und so wie sich unsere Gesellschaft organisiert hat, nicht."

Christine macht dieses Gespräch, dem noch viele weitere dieser Art folgen, nachdenklich: *Ich habe mir noch nie überlegt, welche Rolle ich und welche Rolle meine Kinder haben. So klar habe ich mir das jedenfalls nie vor Augen geführt. Genauso wenig war mir bewusst, wie sehr ich das Muttersein im Grunde genoss. Mir war auch nicht klar, dass ich nur darauf gewartet habe, endlich meinen Beruf an den Nagel hängen zu können. Kritik hat mich immer gekränkt, und ich habe mir einen Beruf ausgesucht, in dem ich möglichst nicht kritisiert worden bin. Ich war die, die kritisiert hat, wenn die*

Kinderzimmer nicht aufgeräumt waren, Dinge herumlagen oder schlechte Noten geschrieben wurden. Sophia meint, die Kinder hätten keine Verpflichtung mir gegenüber. Was sie für mich tun, tun sie aus freiem Willen in einer freundschaftlichen Haltung. So habe ich mir das nun wirklich nicht vorgestellt. Das Leben besteht aus Geben und Nehmen. Und jetzt wäre ich doch mal am Nehmen gewesen. Und wer bin ich nun? Ein Nichts! Die Kinder kommen nur dann zum Essen, wenn ich sie anrufe und ihnen wieder mal die Hölle heiß mache. Freiwillig? Ha, freiwillig, da kämen die ja nicht mal zu Weihnachten oder zu meinem Geburtstag. Das kann nicht funktionieren. Ich wäre auch nicht freiwillig zu meiner nörglerischen Mutter gegangen. Augen zu und durch, habe ich mir gesagt und: einfach nicht hinhören, wenn sie wieder eine ihrer Tiraden loslässt. Vielleicht hatte meine Mutter auch eine – wie sagte Sophia – Existenzkrise? Du lieber Himmel, wie sich das angehört hätte: "Mami, steckst du in einer Existenzkrise?" Die hätte vermutlich überhaupt nicht begriffen, wovon ich spreche. Ha, Sophia hätte auch sagen können: „Christine, das, worunter Sie leiden, ist die Midlife-Crisis!" Ich wollte einfach beachtet und respektiert werden. Als Mutter und dann, als das so nicht mehr geklappt hat, als Künstlerin. Hochsteckfrisur, Slim-Fit Jeans, High Heels und Kapuzenpullover. Ich fand mich irgendwie großartig! Ich wirkte doch bei den Ausstellungen mindestens zehn Jahre jünger. Fand ich wenigstens, gehört habe ich das von niemandem. Nicht mal von Robert. Und nun, was mache ich mit meiner Existenzkrise? Wenigstens hat das, wie ich mich fühle, nun einen Namen, auch wenn sich objektiv überhaupt noch nichts verändert hat. Die Rolle der Mutter, wie ich sie früher hatte, gibt es nicht mehr. Also gibt es mich auch nicht mehr, weil ich mit der Rolle eins worden bin. Ich war die Rolle.

Bei Männern kennt man das ja auch nach der Pensionierung. Das habe ich schon gehört. Dann nehmen sie sich eine zwanzig Jahre jüngere Frau oder beginnen mit Fallschirmspringen oder so. Robert reicht mir allerdings, und Fallschirmspringen mit meiner Höhenangst ist wohl auch nichts für mich. Eine neue Identität muss aber schon her, sonst fühle ich mich wirklich wie zu nichts zu gebrauchen.

Christine hat begonnen, die Gespräche mit Sophia zu schätzen. Sie lernt, Streitgespräche auszuhalten und mit anderen Meinungen umzugehen. Sophia schont Christine nicht, stellt ihre Meinungen und Haltungen in Frage. Dennoch spürt Christine, dass sie nicht verachtet, sondern als Person in jedem Moment wertgeschätzt wird. Für Christine ist dies eine neue Erfahrung, dass eine kritische Haltung zugleich auch wertschätzend sein kann, dass verschiedene Meinungen nebeneinander Platz haben, dass deswegen der Mensch nicht schlechter oder besser ist. Christines Weg, sich selbst anzunehmen, sich ihrer selbst bewusst zu werden, um so mehr Selbstbewusstsein aufzubauen, ist mit Höhen und Tiefen verbunden. Christine sucht immer wieder eine Veränderung von außen, von Dritten, von Situationen, doch Sophia bleibt hartnäckig dabei, an Christines persönlicher, innerer Haltung zu arbeiten. Beide stoßen immer wieder an ihre Grenzen. Sophia hat oftmals den Eindruck, dass Christine die Sitzungen abbrechen wird, weil sie denkt, dass diese Gespräche zu nichts führen. Da sich rein äußerlich erst einmal nichts verändert, hat Christine aus ihrer Sicht auch recht. Christine ist immer wieder innerlich zerrissen und verunsichert, ob sie bei Sophia richtig ist. Sie unterbricht den Sitzungsrhythmus von Zeit zu Zeit auch, weil sie sich beweisen will, dass sie Sophia nicht braucht. Nach einigen

Monaten jedoch geht sie wieder hin und freut sich auf ein spannendes Gespräch und auf den anderen Blickwinkel, den Sophia einnimmt.

Diese Pendelbewegung zwischen frustrierter Therapieunterbrechung und -wiederaufnahme dauert über zwei Jahre. Dann allmählich setzt bei Christine eine Veränderung ein. Sie liest zunehmend gesellschaftskritische Bücher und eignet sich zudem ein breites Wissen über Gegenwartsliteratur an. Sophia zeigt sich erstaunt darüber. Dies wiederum motiviert Christine. Sie fasst stärkeres Vertrauen in sich und ihr Wissen. Schließlich hat Christine auch den Mut, ähnliche Diskussionen mit Robert zu führen. Auch er zeigt sich erstaunt und erfreut über die veränderte Gedankenwelt seiner Frau. Christine, die nun ihre Haare wieder in natürlicherem Braun trägt, die High Heels nur noch für besondere Anlässe hervorholt und den Kapuzenpulli zu Regular Jeans mit Low Boots trägt, wagt noch lange nicht, mit ihren Kindern das Thema „Rolle“ zu besprechen. Sie beobachtet jedoch, dass die Kinder häufiger anrufen, wenn sie über ihre neuen literarischen Erkenntnisse spricht, wenn sie keine Anforderungen stellt und ohne „Ihr wart lange nicht mehr bei uns, wann kommt ihr denn wieder mal vorbei?“ das Gespräch beendet. Irgendwann hört Christine von einem Lesezirkel. Lange Gespräche mit Sophia sind die Folge. Endlich wagt sie es, sich diesem anzuschließen. Gemeinsam unternimmt die Gruppe Ausflüge und Reisen. Kunst und Architektur sind ebenso beliebte Themen wie Literatur, Musik und Religion im Altertum. Auch Robert schließt sich immer öfter an.

So kommt es vor, dass Andreas oder Gabi anrufen und sich schmunzelnd beklagen: „Wann kann man euch denn einmal wieder einladen? Ihr seid ja dauernd unterwegs!"

Psychologischer Hintergrund der Geschichte

Christine ist ein Ordnungsstrukturtyp und hat den inneren Anspruch, eine wichtige Position zu haben und immer anerkannt und bewundert zu werden. Ordnungsstrukturtypen definieren sich über ihre Position in einem sozialen System und empfinden Kritik als selbstwertbedrohend. Christine hatte die Position als Familienoberhaupt inne. Ihr ist diese Rolle von den Kindern zugestanden worden, bis diese in die Pubertät kamen. Auch ihr Mann Robert hat ihr stillschweigend, durch seine Abwesenheiten, diese Funktion überlassen. Weil Christine Kritik sehr persönlich nimmt und Kritik deshalb als bedrohlich erlebt, hat sie in ihrem Leben immer wieder nach Möglichkeiten gesucht, möglichst wenig damit konfrontiert zu werden. Dies war schließlich auch der Grund, dass sie ihren Beruf als Werbefachfrau aufgegeben hat.

Doch mit dem Auszug des jüngsten Kindes verliert Christine die Funktion des Familienoberhauptes. Ihre Ordnung gerät durcheinander. Weil ihre Funktion mit der Persönlichkeit eng verknüpft ist, macht sie eine Identitätskrise durch. Wenn eine solche Krise im mittleren Lebensalter auftritt, wird sie auch als Midlife-Crisis bezeichnet. Auf der Suche nach einer neuen Position in der Gesellschaft versucht Christine sich zunächst als Künstlerin. Doch ihre Versuche, die größtmögliche Bewunderung zu erfahren, bleiben erfolglos.

Ihr Übungsfeld ist es, sich über die eigene Person und nicht über ihre Position in der Gesellschaft zu definieren. Sophia setzt bei Christine selbst an und macht ihr klar, dass sie sich und nicht ihr Umfeld verändern muss, um ihr eigenes Wohlbefinden zu steigern. Allmählich gewinnt Christine die Einsicht, dass sie Vergangenes loslassen und sich neuen Dingen zuwenden sollte. Sophias Ansatz, die Rolle der Mutter als sozialpolitisches Thema zu diskutieren, findet Anklang. Auf diese Weise neugierig gemacht, beschäftigt Christine sich mit der einschlägigen Literatur und stellt fest, dass sie eine ebenbürtige Diskussionspartnerin sein kann. In ihrem Selbstwert weiter gestärkt, lernt Christine, zunächst in den Sitzungen bei Sophia, mit Kritik gelassen umzugehen sowie Meinungsverschiedenheiten auszuhalten und wertfrei stehen zu lassen. Allmählich kann sie dieses Verhalten auch auf ihren Alltag übertragen. Dabei entwickeln sich erfreuliche neue Kontakte, die ihren Selbstwert weiter stabilisieren und ihrer Persönlichkeit eine tragende Eigenschaft verleihen.

2.2 Der Banker und sein Schatten-Ich

„… und darum reorganisieren wir das gesamte Privat-, Anlage- und Firmenkundengeschäft Schweiz grundlegend, damit wir uns neu lean, fit, proaktiv und fokussiert auf unsere Kundenbeziehungen ausrichten können. Jeder, der nicht mehr auf dem neuen Organigramm steht, welches ich im Anschluss an diese Versammlung verteile, hat, ab der Stufe Direktion, ein Jahr Zeit, um eine neue Stelle – selbstverständlich auch intern – zu suchen.“ So steht es auch im

Medienmitteilung. Und es heißt weiter, dass die Bank Gelder in der Höhe von mehreren Millionen versprochen hat, um diese Maxireorganisation sozialverträglich aufzufangen. „Kadermitarbeiter bis zur Stufe Prokura kommen in den Genuss einer Lohnfortzahlung von maximal einem halben Jahr, den restlichen Mitarbeitenden stehen großzügige vier Monate zur Verfügung. Die Headcountreduktion ist nötig, wie sie sicher alle verstehen. Die Abteilung für Human Resources wird nach mir mit Ihnen das Vorgehen besprechen und Formulare austeilen, damit Sie sich – wenn Sie das wollen – intern einheitlich bewerben können. Ihre Kündigung liegt ebenfalls bei. Jene, die nicht auf dem Organigramm aufgeführt sind, gehen bitte zum Raum FK 25, dort erwartet Sie jemand vom Personal- und Sicherheitsdienst. Dort geben Sie den BlackBerry und das Badge ab. Ihre persönlichen Utensilien befinden sich in einer Kartonschachtel mit Ihrem Namen, welche Sie mit nach Hause nehmen können. Sie sind ab sofort freigestellt. Die Übrigen gehen zu den angegebenen Sitzungszimmern und empfangen dort die nächsten Instruktionen des neuen Vorgesetzten. Ich wünsche Ihnen einen schönen Tag!"

Es ist 7 Uhr morgens in der Niederlassung einer Großbank etwas außerhalb der Zentrale von Zürich. Die Nachricht schlägt ein wie eine Bombe. Roland nimmt mit zitternden Händen das Organigramm entgegen und sieht – was er längst ahnte –, dass seine Abteilung gänzlich darauf fehlt. Er ist nicht der Einzige, der sofort zur Toilette geht, sich den Schweiß von den Händen und der Stirn wäscht und dabei gedankenversunken in den Spiegel schaut: Wer ist das, der mir hier entgegenblickt? Ein anderer als noch vor einer halben Stunde? Im Spiegel erkennt er einen

43-Jährigen gut durchtrainierten Mann, muskulös gebaut, mit kurzem, fast noch schwarzem Haar und leicht gebräunter Haut. Er ist Familienvater mit einem 15-jährigen Sohn, der gerade seine erste Lehrstelle sucht und sich bei Autogaragen als Mechatroniker bewirbt, und einer 17-jährigen Tochter, die kurz vor dem Abitur steht. Und nun ist er, Roland, Abteilungsleiter und Direktor des Privatkundengeschäfts Zürich, ab sofort auf der Suche nach einer neuen „Herausforderung".

Doch da gibt es etwas, was keiner über ihn weiß, nicht einmal seine Frau Beatrice. Ein Jahr vor seinem Abitur ist er von der Schule abgegangen, und dennoch hat er einen Master of Business Administration (MBA) während eines fünfjährigen Aufenthalts in Südafrika erworben. In Kapstadt hat er geheiratet und ist nach knapp neun Monaten wieder geschieden worden. Im Tennisclub von Kapstadt hat Roland viele einflussreiche Banker kennengelernt. Auf der Mitgliederliste wurde er automatisch als lic. oec. HSG aufgeführt, weil der Aktuar, ein Schweizer, davon ausgegangen ist, dass er den MBA an der Universität in St. Gallen erworben hat. Roland hat das geschmeichelt, und er hat sich dagegen nie zur Wehr gesetzt. Ende der 1980er-Jahre waren die Beziehungen deutlich wichtiger als der akademische Grad. Weil er damals durch solche Beziehungen automatisch und ohne Zeugnisse zur Bank gekommen und bis heute bei derselben Bank geblieben ist, hat kein Hahn danach gekräht, ob der Universitätsabschluss in der Schweiz rechtsgültig ist oder nicht. Über die kurze Ehe hat er Beatrice informiert, den Kindern haben sie aber nichts gesagt. Was allerdings niemand weiß, ist die Sache mit dem akademischen Grad. Ein paarmal stand er kurz davor, den

Irrtum aufzuklären. Einmal, als ein Freund ihn fragte, ob er nicht auch der Alumnivereinigung beitreten wolle, und einmal bei der Bewerbung für den Kiwanis-Club. Doch beide Male ging alles erstaunlich glatt, ohne dass er die Sache richtigstellen musste. Der Freund nahm ihn zu allen Alumniveranstaltungen mit, bis er aus unerfindlichen Gründen direkt Einladungen erhielt und einfach hinging, und für den Kiwanis-Club stellte damals die Empfehlung der beiden engsten Kiwanis-Freunde eine ausreichende Garantie dar, um aufgenommen zu werden.

Und nun muss ich mich nach so vielen Jahren neu bewerben. In der Abteilung Human Resources sitzt Marc, der damals ebenfalls denselben Masterstudiengang in Südafrika absolviert hat. Allerdings ein Jahr später als ich. Was weiß er über mich? Erinnert er sich noch? Wie soll ich mich nun bewerben? Wie sage ich das meiner Frau und meinen Kindern? Verdammte Maxireorganisation, verdammtes Organigramm ohne meinen Namen, verdammtes Bewerbungsformular mit den leeren Feldern „höchster Schulabschluss“ und „CV in Kurzform“, verdammte magere Personalakte von Direktor Roland König! „Außen fix und innen nix!“, so schreit ihm der Spiegel entgegen.

Betont lässig erscheint Roland eine Stunde später auf dem Tennisplatz. „Jetzt haben wir ja wenigstens Zeit, um uns in Ruhe auf das Interclub-Tournier vorzubereiten!“, ruft er seinen ebenfalls entlassenen Teammitgliedern zu. Dabei grinsen alle etwas betreten und spielen an diesem Nachmittag ein sehr schwaches Tennis. „Na, geht doch“, ruft Roland, „nur nicht unterkriegen lassen, wir sind doch Top-Guys und finden alle in den nächsten Wochen wieder einen Job! Die können das Geschäft ja gar nicht ohne uns!“

*Und wenn doch?,*schreit es in ihm. *Wenn ich binnen eines Jahres keinen Job finde, der mir eine viertel Million einbringt? Wenn ich das Haus und die Ausbildung der Tochter nicht mehr bezahlen kann? Wenn ich Beatrice' teure Kleidung nicht mehr finanzieren kann und die Bestellung des neuen Mercedes GL 63 AMG stornieren muss? Das Firmenleasing ist ja wohl gestrichen, und dieses privat zu übernehmen oder einen solchen Wagen selbst zu bezahlen, kann ich mir nicht leisten.*

Die nächsten beiden Wochen geht Roland zu gewohnter Stunde und in Businesskleidung aus dem Haus. *Ein Jahr ist ein Jahr, da wird sich schon eine Lösung finden,* denkt er. *Vorerst brauche ich Zeit, um nachzudenken. Ich brauche Ruhe und werde niemanden in Aufregung versetzen. Also sage ich erst, was passiert ist, wenn ich wieder einen Job habe.* Roland fährt jeden Tag 20 Kilometer, um in einem Restaurant zu frühstücken, die Zeitung zu lesen und auf seinem privaten Smartphone nach Stellen zu googeln. Er wechselt jeden Tag das Lokal, damit er den misstrauischen Blicken der Kellnerin nicht länger ausgesetzt ist. Er sucht nachts zu Hause verstohlen nach den Zeugnissen der verschiedenen Abteilungen und kramt den ohne Abitur erworbenen Masterabschluss aus dem Safe heimlich hervor. Die Kopien erstellt er in unterschiedlichen Copyshops. *Sieht es mir nicht jeder an? Arbeitsloser, frustrierter Banker. Ausrangiert und ohne Abschluss. Keiner will mit so einer Person zu tun haben! Ich selbst möchte ja mit mir nichts zu tun haben. Eine neue Persönlichkeit wäre jetzt gut. Abtauchen und irgendwo neu anfangen. Aber wie? Ich stecke in mir fest.*

Roland bewirbt sich nicht bei der eigenen Bank. Die Angst vor einem Imageverlust wegen des Universitätsabschlusses ist für ihn zu groß. *Als Direktor kann ich abtre-*

ten, als Titelerschleicher will ich nicht in die Geschichte eingehen. Marc würde es merken. Er erinnert sich bestimmt noch an unsere Zeit in Südafrika. Marc weiß alles. Marc hat mich immer schon schief angesehen. Hat er mir nicht ab und zu verschwörerische Blicke zugeworfen? Marc hat vermutlich sogar dafür gesorgt, dass es mich und meine Abteilung getroffen hat. Er hat gute Beziehungen zum Generaldirektor. Der wollte doch nur sehen, wie ich mich bewerbe. Er wollte mir die Maske vom Gesicht reißen und mich entblößen, da bin ich mir sicher.

Bei den weiteren Tennisterminen gibt Roland vor, er habe sich verletzt und könne im Moment nicht spielen. So gerät er immer weiter in seine eigene Gedankenwelt. Er fühlt sich von allen beobachtet, um bei nächster Gelegenheit entlarvt zu werden, und lebt ein einsames Leben auf der Flucht. Zu Hause versucht er mit aller Kraft, den Tagesablauf aufrechtzuerhalten. Er wechselt jeden Tag seinen Anzug, geht wie gewohnt aus dem Haus und führt Gespräche über den Schulabschluss der Tochter und die Lehrstellensuche des Sohnes. Dies stellt eine innerliche Zerreißprobe für ihn dar, die er wie durch ein Wunder täglich besteht. Dann, eines Abends, fragt ihn seine Tochter wie aus heiterem Himmel: „Mit welcher Note hast du eigentlich das Abitur bestanden, Dad?“ Roland zuckt mit den Achseln, nimmt die Autoschlüssel und meint im Hinausgehen: „Ist lange her, weiß nicht mehr!“ Innerlich aufschreiend, startet er den Motor seines sportlichen Audi RS 4 Avant. Es ist nur diese einzige Frage, die ihn aus dem Konzept bringt. *Ich hätte doch locker eine Antwort geben können, wie zum Beispiel: „Ich war gut genug, aber in Mathe schlecht.“ Oder: „Ich habe leider nur etwas knapp bestanden und erinnere mich nicht so gerne daran.“ Dann hätte ein Augenzwinkern folgen können. Aber nichts zu sagen, das war schwach!* An diesem Abend scheint Roland eine Pechsträhne zu haben. Kaum kommt er wieder zur Tür herein, fragt ihn sein Sohn: „Papa, kannst du mir bei meinem Bewerbungsschreiben für die Lehrstelle helfen? Mama meint, du seist darin ein Profi! Du bist schließlich Bankdirektor und weißt, wie man das richtig macht.“

Am folgenden Morgen, nachdem er das Bewerbungsschreiben seines Sohnes gerade noch mechanisch unterstützt hat, fährt Roland, als er zu einem Vorstellungsgespräch unterwegs ist, in Lausanne geistesabwesend in eine Radarfalle. *Diese Buße wird hoch ausfallen, vermutlich gibt es Führerscheinentzug. Was soll ich Bea sagen, was ich in Lausanne gemacht habe? Geschäftlich für Zürich zuständig, ist das nicht schlüssig zu erklären. Sie wird denken, ich hätte eine Freundin. Bea ist rasch in solchen Vermutungen. Was ist nun schlimmer? Keinen Job, keinen Universitätsabschluss, seit zwei Wochen freigestellt und nichts gesagt oder eine außereheliche Beziehung? Könnte ich vielleicht den Brief abfangen? Dann müsste ich zu Hause bleiben und die Post abwarten. Ich könnte krank werden und das Bett hüten müssen. Doch das wird mir wahrscheinlich auch nicht recht gelingen. Es gibt nicht mehr viele Stellen, auf die ich mich noch unerkannt bewerben könnte. Zu dumm auch, dass kein Betrieb an einem ehemaligen Direktionsmitglied einer Bank auf die Schnelle interessiert ist! Jedenfalls nicht für 250.000 brutto pro Jahr! Von den Extras gar nicht zu sprechen!*

In diesem Moment klingelt sein Handy, und Marc aus der Abteilung Human Resources ist am Apparat. „Hallo Herr König, ich wollte Sie nur fragen, ob Sie nicht gedenken, sich zu bewerben. Von Ihnen ist noch kein Schreiben eingegangen, da dachte ich, ich frage bei Ihnen nach …“

Marc sagt Sie zu mir, der Schlaumeier. Er will mich in Sicherheit wiegen, damit sein Spaß, wenn er mich auffliegen lässt, umso größer wird! Fahrig antwortet Roland: „Nein danke, ich bin noch immer beleidigt und suche lieber extern!" Marc, dem das Zittern in Rolands Stimme nicht entgeht und Sorge bereitet, fährt ruhig fort: „Ja, das verstehe ich. Vielleicht möchten Sie sich mit mir einmal auf einen Kaffee treffen? Wir können das außerhalb der Bank tun. Ich bringe Ihnen auch gerne eine Liste von erfahrenen Leuten mit, die Ihnen vielleicht weiterhelfen könnten." Roland schlägt unvermittelt ein. Er denkt sich, dass er auf diese Weise vielleicht herausfinden könnte, was Marc aus der Südafrikazeit noch weiß. *Schaden kann es jedenfalls nicht, wieder irgendwo einen Kontakt zu haben. Vielleicht ist Marc jemand, der mir in dieser verzwickten Lage doch noch einen Lösungsweg aufzeigen kann? Ausgerechnet Marc! Aber eine andere Chance habe ich im Moment nicht und unter vier Augen kann es ja nicht so schlimm sein, wenn er mir die Maske herunterreißt. Er hat ja auch keinen besseren MBA als ich gemacht – allerdings hat er sich nie mit fremden Federn geschmückt …*

Marc spricht jedoch weder von Südafrika noch von seinem MBA. Er bringt Roland lediglich ein paar Adressen von sogenannten „Beratern in Krisensituationen" mit und rät ihm dringend, sich an einen von ihnen zu wenden. „Eine Psychologin? Ich? Also, ich habe mit vielem gerechnet, aber nicht, dass ich Adressen von Psychofritzen erhalte." „Das sind Krisenberater und Psychologen, Herr König!" „Ja, sehen Sie mich denn als Geisteskranker an? Ich meine, ich habe ja bloß den Job verloren und muss mich nur anstrengen, einen neuen zu finden", meint Roland verdrossen. *Der meint doch wirklich, ich sei geistesgestört. Das ist ja noch schlimmer, als ich vermutet habe! Das ist die Dreistigkeit pur! Psychoterror! Scheinheilig wirft er mir nicht das Erschleichen eines Abschlusses vor, sondern gibt mir gerade und rund heraus den Stempel „Psychofrack", daher „nicht schuldig!"*. „Einen Job zu verlieren", fährt Marc unsicher fort, „bedeutet auch, in eine Existenzkrise geraten zu sein. Es bedeutet nicht nur, dass ein neuer Job gefunden werden muss, sondern auch, dass man sich für einen bestimmten Job entscheiden muss. Vielleicht möchten Sie ja nochmals eine Ausbildung machen. Es bedeutet also auch, dass Sie sich neu orientieren können. Ich meine, so eine Krise birgt doch immer auch eine Chance für etwas Neues!" Entgeistert blickt ihn Roland an. „Eine neue Ausbildung? Wie meinen Sie denn das?" „Nun, ich meine", sagt Marc zaghaft, „vielleicht wollen Sie ja noch einmal etwas anderes tun in Ihrem Leben, als bei einer Bank oder in der Wirtschaft zu arbeiten. Ich meine ja nur, dass Sie sich das mit jemandem, der geschulter ist als ich, gemeinsam überlegen könnten." „Ja, es sollte wirklich jemand mit mir sprechen, der geschulter ist als Sie", lacht Roland munter, „ich danke für die Adressen und überlege mir ein neues Leben!" Damit gibt er seinem Gegenüber zu erkennen, dass er an der Fortsetzung dieses Gesprächs nicht weiter interessiert ist. Er ist stolz auf sich, dass er diesen Ausweg gefunden hat, so dass Marc und nicht er sich nach diesem Gespräch schlecht fühlen muss.

Eine Stunde später klingelt bei Sophia das Telefon, und ein aufgeregter Roland König in Not will sofort einen Termin.

„Woran haben Sie gemerkt, dass es gerade jetzt Zeit ist, mich dringend aufzusuchen?", fragt Sophia drei Tage später in der ersten Sitzung. „Weil ich es mir vielleicht sonst plötzlich wieder anders überlegt hätte", antwortet Roland. „Was hätten Sie sich denn überlegt?" „Nun, ich hätte meine Rolle als Banker und Akademiker weiter gespielt und hätte weiter wackelige Steine auf meinem Gebäude errichtet." „Wackelige Steine welcher Art?", fragt Sophia mit Interesse. Roland denkt nach und sagt: „Ich hätte eine Krankheit erfunden, hätte den Brief der Polizei abgefangen und vermutlich meiner Frau so lange den Leidenden vorgespielt, bis ich hätte beichten können, dass mich die Bank aus gesundheitlichen Gründen ersetzen muss. Dass ich zwar eine neue Position, die mir nicht passt, annehmen könnte, ich dies aber ausgeschlagen hätte. Auf diese Weise hätte ich es eventuell hinbekommen, zu sagen, dass ich nicht mehr bei der Bank arbeite und auf Jobsuche bin." Sophia: „Sie wollen mir also andeuten, Sie arbeiten zurzeit nicht, sondern sind auf Jobsuche und haben das Ihrer Frau nicht gesagt?" Roland, leicht errötend: „Äh, ja so ungefähr …" „Nun, wenn Sie bei mir schon leicht erröten", unterbricht Sophia die kurze Pause, „dann frage ich mich, wie Sie denn Ihre Situation zu Hause verschweigen konnten, ohne dass dies ein Mensch merkt! Sie sind kein Mann der großen Worte, wie?" Roland: „Ja, kann man so sagen. Ich habe oft, viel zu oft zu Unzeiten geschwiegen und habe abgewartet, ob das Leben mir hold genug ist, um Dinge wieder ins Lot zu bringen." „War diese Strategie nützlich? Ich meine, war Ihnen das Leben bisher hold genug?", fragt Sophia. „Zeitweise ja, jetzt allerdings klappt es damit nicht mehr so richtig", sagt Roland mit betretender Miene. „Sie meinen, es sei die Zeit gekommen, um daran etwas zu ändern und das Leben vielleicht selbst in die Hand zu nehmen und Entscheidungen selbst zu fällen?", fragt ihn Sophia neugierig. „Vielleicht schon, sonst laufe ich noch mit dem Kopf gegen eine Wand.“ „Und was hat Sie bisher gehindert, Entscheidungen zu fällen, um die Sache wieder in Ordnung zu bringen und Ihrer Frau alles zu sagen?“ „Ich weiß nicht. Wer bin ich dann noch, wenn ich alles, was andere von mir meinen, dass ich bin, gerade nicht bin?“, flüstert Roland und staunt selbst über seine sinnige Aussage.

Jetzt muss ich aufpassen, ich bin ja viel zu offen. Die Frau bekommt schon im ersten Gespräch viel zu viel aus mir heraus. Kennt Marc Sophia? Wird alles, was ich hier sage, der Bank mitgeteilt, um mich anschließend lächerlich zu machen? Dafür habe ich jetzt schon viel zu viel preisgegeben, Sophia hat mich bereits in der Hand. Und wenn Sophia meine Frau anruft und ihr die Wahrheit sagt? Natürlich darf sie das nicht, aber wenn sie es dennoch tut? Frauen halten doch immer zusammen! Das wäre so peinlich für mich! Sophia hat so ein Zucken um die Mundwinkel, das heißt doch, dass sie etwas im Schilde führt. Wieso sollte ich ihr vertrauen? Ich kenne sie ja gar nicht. Vielleicht sollte ich die Sitzung beenden, bevor es ganz zu spät ist. Wieso bin ich eigentlich hierhergekommen? Das mit der Verkehrsbuße hätte ich doch in den Griff bekommen und einen Job hätte ich sicher bald auch wieder gefunden. Ich habe nur kurzfristig die Nerven verloren, ich hätte weitermachen sollen wie bisher.

„Ich habe den Eindruck, Sie wollten sich zuerst eine neue Rolle, wie ein neues, passendes Gewand, zulegen, um vor Ihre Frau treten zu können und zu sagen, was Ihnen widerfahren ist. Ist es möglich, dass Sie Ihre Persönlichkeit so stark über Ihren Job definiert haben, dass Sie denken, dass andere über Sie denken könnten, ein Roland König ohne Job existiert nicht mehr?“ Dieser Satz reißt Roland aus seinen Gedanken. *Das soll ich denken? Was weiß denn ich, was andere denken? Ich weiß ja selbst nicht, was ich mir dabei gedacht habe. Wieso bin ich überhaupt in diese Situation gekommen? Im Grunde doch gerade dadurch, weil ich eben* nichts *gedacht habe. Ich habe einfach gemacht und gehofft, es werde schon irgendwie alles wieder gut. Bisher ist es ja auch gut gelaufen. Jedenfalls habe ich mich dabei niemals so anstrengen müssen wie in dieser ersten halben Stunde bei Sophia. Wenn es heißt „Ich denke, also bin ich", war ich also nie, weil ich nichts gedacht habe? Bin ich jetzt, weil ich zu denken begonnen habe? Und wenn ich bin, wer bin ich? Ein frustrierter, freigestellter oder abservierter Banker? Einer, der fliehen muss, um nicht entdeckt zu werden? Wobei Sophias Frage berechtigt ist: Wieso bin ich nicht zu Bea gegangen und habe gesagt, dass mir gekündigt worden ist?*

„Ich bin es gewohnt, die Dinge selbst in die Hand zu nehmen und Lösungen zu präsentieren. Ich will nicht, dass meine Frau sich Sorgen macht, ob wir unseren Lebensstandard halten können. Ich habe die Erwartung an mich, eine Familie ernähren zu können und nicht als Versager dazustehen. Ich will als Vater ein Vorbild für meine Kinder sein. Und ich will allen zeigen, dass ich es als Sohn eines Hausmeisters zu etwas gebracht habe! Basierend auf diesen Leitsätzen und weil es auch mein Schicksal bisher gut mit mir gemeint hat, habe ich meine Sonnenseite aufbauen können. Im Moment sehe ich mich allerdings lediglich mit meinem Schatten-Ich konfrontiert! Dieses Ich erinnert mich an meine Kindheit als Sohn eines Hausmeisters, dessen Frau, meine Mutter, sich mit etwas Flickarbeit einen Zusatzverdienst erworben hat, um mich aufs Gymnasium schicken zu können. Zu modernen Kleidern und zu einem schicken Haarschnitt hat das Geld allerdings nicht gereicht. Nach fünf Jahren Gymnasium hatte ich genug. Ich konnte mit den Mitschülern aus meiner Klasse nicht mithalten und keinerlei Freizeitaktivitäten mit ihnen teilen. Ich konnte mir keine teuren und damals modischen Markenjeans leisten oder mit ihnen zum Tennis spielen gehen. Und so fand ich auch keine attraktive Freundin. Ich wollte endlich mein eigenes Geld verdienen. Ich schmiss das Gymnasium ein Jahr vor dem Abitur, nahm diverse Jobs an und verschwand für fünf Jahre nach Südafrika. Dort habe ich schnell Freunde gefunden. Im sonnigen Kapstadt habe ich sprichwörtlich die Sonnenseite meines Ichs aufgebaut. Ich habe rasch die attraktivste Frau unserer Studiengruppe geangelt und sie allen anderen weggeheiratet. Das ging allerdings nicht lange gut und die Scheidung nach nur neun Monaten war die Folge. Dennoch waren diese fünf Jahre wohl die besten und sorglosesten meines Lebens. Der Haken dabei ist nur, dass ich ein Leben im Schein gelebt habe, weil mein Schatten mich Tag und Nacht verfolgt hat. Immer wieder habe ich die Angst verspürt, dass eines Tages alles auffliegt und ich wieder zum Sohn des Hausmeisters werde. Und vor zwei Wochen ist dieser Tag auch tatsächlich gekommen."

Ein betretenes Schweigen entsteht. „Das ist eine äußerst berührende Geschichte, Roland", sagt Sophia ruhig. „Ich bin von Ihnen sehr beeindruckt. Sie haben viel kämpfen müssen, um bei anderen Menschen Anerkennung zu finden. Sie haben das auf Ihre Weise getan und lange Jahre viel Angst leiden müssen. Was meinen Sie, was Ihre Kinder sagen würden, wenn sie Ihre Geschichte jetzt gehört hätten?" Bei dieser Frage schießen Roland die Tränen in die Augen: „Sie wären wohl sehr enttäuscht. Sie haben mich immer als ihren ‚Profiberater' wahrgenommen. Sie müssten dann erkennen, dass ich gar kein Profi bin, sondern große Fehler gemacht habe!" „Wie sind Sie denn bisher mit dem Fehlverhalten Ihrer Kinder umgegangen?", fragt Sophia. „Ich habe ihnen gesagt, dass sie das korrigieren und daraus lernen sollen." „Wäre es möglich, dass Ihre Kinder so etwas in der Art auch Ihnen sagen würden, Roland?" „Ja, schon. Aber ist es nicht ein bisschen spät für eine Korrektur?" Sophia lächelte: „Sie meinen, es gibt eine fixe Altersgrenze, bis zu der man ausgelernt hat? Eines schönen Tages sollen Korrigieren und Lernen gänzlich unmöglich sein? Ich kann mir das im Grunde nur im Sterben vorstellen und vielleicht nicht einmal dann!" Roland lächelte ebenfalls: „Ja gut, mit etwas über Vierzig habe ich hoffentlich noch etwas Zeit bis dahin. Wissen Sie Sophia, meine Geschichte habe ich bisher noch niemandem so detailliert erzählt. Natürlich wissen meine Kinder und Bea einen Teil davon, aber eben nicht alles. Sie meinen, ich hätte das Abitur gemacht und ordentlich an der Universität in St. Gallen Betriebswirtschaft studiert. Und weil ich nur so bruchstückhaft meine Vergangenheit preisgegeben habe, habe ich selbst nie ganz begriffen, wie es zu allem gekommen ist. Ich habe mir erst heute so richtig überlegt, warum ich eigentlich das Gymnasium abgebrochen habe und wieso mir Geld und der Aufbau meiner Sonnenseite immer so äußerst wichtig gewesen sind. Ich habe erwartet, dass meine Frau und meine Kinder es ebenso wichtig finden, welche Position ich habe und wie viel Geld ich verdiene. Doch im Grunde habe ich diesen Punkt mit ihnen gar nie geklärt." „Wir Menschen leben oft in den Erwartungen der anderen. Wir haben feste Vorstellungen von dem, was der andere von uns erwartet. Wir nennen dieses

Konzept in der Psychologie ‚Erwartungserwartungen'. Wir handeln auch vorauseilend nach diesen unausgesprochenen Erwartungen. Noch komplizierter wird es, wenn wir die Frage stellen: Was denkst du, was ich erwarte, dass du von mir erwartest?" Roland rollt mit den Augen: „Wir Menschen sind ja super kompliziert! Aber genau so habe ich gelebt. Es ist an der Zeit, die Karten auf den Tisch zu legen und zu sehen, was danach noch steht! Irgendwann werde ich daheim alles erzählen."

„Irgendwann? Wann ist irgendwann?" Roland zögert: „Sie meinen ja wohl nicht, dass ich jetzt gleich nach Hause gehe und alles erzähle? Das können Sie von mir nicht verlangen! So etwas braucht seine Zeit!" Sophia blickt ernst: „Roland, ich verstehe, dass dies ein sehr schwerer Gang sein wird. Und ich verlange gar nichts von Ihnen. Ich frage mich nur, wann wohl bei Ihnen die Zeit dafür reif ist. Woran merken Sie, wann die Zeit dafür gekommen ist?" „Ich weiß es nicht. Ich weiß lediglich, dass jetzt gerade noch nicht die Zeit dafür ist, weil ich meine eigene Geschichte zuerst selbst zu verdauen habe." Sophia: „Ja, das haben Sie bisher so gehalten. Sie haben zuerst alles für sich entschieden und die anderen vor die vollendeten Tatsachen gestellt. So hat bisher keiner die Möglichkeit gehabt, Dinge auszudiskutieren oder andere Ideen einzubringen. Und Sie möchten auch heute nichts Neues ausprobieren?" Roland energisch: „Ich dachte mir schon, dass Sie mich zwingen würden, alles zu sagen, aber das ist nicht so einfach, das geht nicht!" Sophia entgegnet rasch: „Roland, ich kann Sie nicht zwingen. Niemand kann Sie zu irgendetwas zwingen. Wie auch? Sie sind ein freier Mensch und entscheiden, was richtig und wichtig ist für Sie. Und wenn Sie nun gehen und Sie gar nichts ändern, dann können Sie nächste Stunde wiederkommen und wir sehen weiter, was sich bei Ihnen verändert hat und was weiter geschehen soll. Wir können zusammen darüber nachdenken, wann der richtige Zeitpunkt da ist, um Ihre Familie zu informieren. Und wir können darüber nachdenken, wie dies zu geschehen und ob es überhaupt zu geschehen hat." Roland antwortet sichtlich erleichtert: „Und Sie rufen inzwischen weder meine Frau noch Marc von der Bank an?" Sophia blickt Roland fest in die Augen und sagt: „Roland, ich bin erstens an mein Berufsgeheimnis gesetzlich gebunden, zweitens würde ich das nicht einmal tun, wenn ich es nicht wäre. Glauben Sie, ich spiele Schicksal? Glauben Sie im Ernst, ich wollte die Verantwortung für eine derartig grenzüberschreitende Handlungsweise übernehmen? Haben Sie schon einmal von einer Psychologin gehört, die solche Dinge tut?" Roland wird sichtlich ruhiger und meint: „In Ordnung. Ich frage ja nur und will ganz sicher gehen. Ihre Antwort leuchtet mir ein. Vielleicht wäre ich sogar froh gewesen, Sie hätten es getan. Dann wäre die Wahrheit raus gewesen, und ich hätte es nicht selbst tun müssen. Und ich hätte noch jemandem hierfür die Schuld geben können …" Sophia schmunzelt: „Roland, Sie werden diesmal Ihr Schicksal selbst in die Hand nehmen müssen. Ich stehe wahrlich nicht zur Verfügung, werde Sie aber, wenn Sie wollen, gut darauf vorbereiten."

Roland unternimmt schließlich den ersten Schritt zur Fehlerkorrektur und meldet sich für das Erwachsenenabitur an. Danach will er an einer Hochschule Betriebswirtschaft studieren. Ein paar Wochen später findet er außerdem die Kraft, seine Familie über alles zu informieren. Er bespricht mit Sophia das Gespräch detailliert vor und durchdenkt alle Reaktionsmöglichkeiten aller Familienmitglieder.

Die Reaktionen sind sehr unterschiedlich. Beatrice ist zwar schockiert, tröstet sich aber damit, dass Roland immerhin keine außereheliche Beziehung hat. Sie war ihm gegenüber öfters misstrauisch und hatte das Gefühl, dass mit ihm etwas nicht stimmt. Sie konnte sich aber keinen anderen Reim darauf machen, als eine heimliche Liebschaft ihres Mannes zu vermuten. Ausbildungsdefizite lassen sich in ihren Augen besser korrigieren als ein Vertrauensbruch in der Liebesbeziehung. Auch ist sie, was die Stellensuche angeht, optimistischer als ihr Mann. Da die Kinder im Erwachsenenalter sind, braucht Roland auch nicht mehr das bisherige Jahresgehalt zu verdienen. Sie sieht den beruflichen Neuanfang ihres Mannes sogar als Chance, sich auch selbst neu zu orientieren und ihren Beruf als Kindergärtnerin wieder auszuüben.

Die ältere Tochter der Königs zeigt sich äußerst enttäuscht und verletzt. Sie kämpft noch lange mit dem Geständnis ihres Vaters. Sie hat sich für eine akademische Laufbahn entschieden, weil sie gedacht hat, ihr Vater würde das von ihr erwarten. Als Roland ihr daraufhin Sophias Konzept der Erwartungserwartungen erklärt, möchte sie ihre akademische Laufbahn sofort abbrechen. Es braucht viel Überzeugungsarbeit und Sophias Input, um sie davon zu überzeugen, wenigstens das Abitur noch zu machen. Sie tut sich sehr schwer damit, sich vom bisherigen Bild des Vaters zu lösen, und nimmt es auch nicht gut auf, dass ihr Vater bereits zum zweiten Mal verheiratet ist. Sie wird den Verdacht nicht los, dass ihr Vater immer noch nicht die ganze Wahrheit gesagt hat und wahrscheinlich noch einige

Halbgeschwister auftauchen werden. Ihre Einstellung zum Leben und das Vertrauen in feste Strukturen erleiden einen Bruch. Die Vertrauensbasis in Beziehungen und sogar das Vertrauen ganz allgemein in ihr Leben ist zunächst stark beschädigt.

Rolands Sohn hingegen reagiert nach dem Geständnis des Vaters gelassen und zuckt bloß mit den Schultern: „Ich bin immer schon der Meinung gewesen, dass jeder sein eigenes Leben leben soll. Ich bin ich, und du bist du, Dad. Du musst selbst sehen, wie du diese Geschichte mit Mam handhaben willst. Für mich ist es in Ordnung, ich bin zufrieden mit meiner Berufswahl." Diese Aussage seines Sohnes ist für Roland in dieser Zeit eine große Erleichterung. Früher hingegen hat er seinem Sohn genau aufgrund dieser Haltung vorgeworfen, er achte ihn nicht, und ihm gesagt, er solle mit dem pubertären Gerede aufhören. „Wie sich die Perspektiven doch verändern können", erklärt Roland lächelnd in der nächsten Sitzung bei Sophia.

Psychologischer Hintergrund der Geschichte

Roland ist ein Ordnungsstrukturtyp und hat Angst, seine Position und dadurch gleichzeitig seine Identität zu verlieren. Mit der Kündigung bei der Bank ist er nicht nur seinen Job los, sondern wird auch in eine Identitätskrise gestürzt. Sein Lösungsversuch besteht darin, den Schein um jeden Preis aufrechtzuerhalten. Erst wenn er eine neue Position innehat, möchte er seiner Frau und seinen Kindern von den Ereignissen bei der Bank berichten. Bis zu diesem Zeitpunkt lebt er zwei Leben, was zur Folge hat, dass die Angst, entdeckt zu werden, sein ständiger Begleiter wird.

Sie reichert seine Fantasie mit paranoiden Vorstellungen, was andere über ihn Schlechtes denken und Negatives in ihm sehen könnten, an. Auf diese Weise wird er in seiner Vorstellung zum Verfolgten.

Im Wesentlichen geht es Roland in seinem Leben darum, eine ansehnliche berufliche Position und einen entsprechenden Status zu erreichen. Die Motivation hierzu ist wohl durch seine Herkunftsfamilie entstanden. Er hat unter dem fehlenden Status und den dürftigen finanziellen Mitteln seiner Eltern gelitten. Roland entkam dieser Situation, indem er die Schule abgebrochen und sich in Südafrika eine entsprechende Identität zugelegt hat. Diese „Sonnenseite", wie Roland sie nennt, gilt es zu verteidigen. Er hat Regeln verletzt und ist dadurch nicht mehr in der Lage, sich im Personalbüro zu zeigen und den Fehler zu korrigieren.

Schließlich, als die Verstrickungen zu unübersichtlich werden und Roland vollständig die Kontrolle über seine Position und gleichzeitig über seine Identität zu verlieren droht, meldet er sich bei Sophia. Dort werden ihm die Zusammenhänge der Ereignisse in seinem Leben klar. Er lernt, dass er vermeintlichen Erwartungen hinterhergerannt ist und sich dabei selbst verleugnet hat. Der Blick auf sein „Schatten-Ich" eröffnet ihm den Blick auf sein Selbst. Er erkennt, woher er gekommen ist, welchen Weg er gegangen ist und welche Ängste er in der Vergangenheit ausgestanden hat. Der Preis für seine Sonnenseite bzw. seine gesellschaftliche Position war sehr hoch, was ihm bisher nicht bewusst gewesen ist. Das Bekenntnis zu seiner wahren Identität ist die Basis für einen Neuanfang.

Nicht nur Roland lernt durch seine Geschichte viel über Erwartungserwartungen, auch seine Tochter lernt viel über sich und das Leben mit Vorbildern. Durch das Geständnis ihres Vaters muss auch sie sich auf ihren eigenen Weg machen, um ihre eigene Persönlichkeit zu entwickeln.

2.3 Der Klient, der seine Psychologin mit einem Firmengründer verwechselte

„In der Geschäftsleitungssitzung waren alle gegen mich, also musste ich jeden Einzelnen von meinen Argumenten überzeugen, und jetzt haben sie es endlich begriffen. Ich habe sie überzeugt, mich durchgesetzt, und nun sind alle meiner Meinung. Ich habe recht bekommen." Franz wirkt euphorisch und aufgeräumt. Renate ist genervt und wechselt das Thema: „Hast du mit deiner Bank reden können? Bekommst du endlich die dringend benötigte Krediterhöhung?" Sie stellt die Frage nebenher, um sich ihre Sorge nicht anmerken zu lassen. „Natürlich läuft alles schief, und wir haben riesige finanzielle Probleme in der Firma, doch habe ich das nicht zu verantworten, das geht auf die Fehlentscheidungen der Firmengründer vor fünf Jahren zurück. Ich bade aus, was die mir eingebrockt haben, die sind an allem schuld, und das Gericht wird mir noch recht geben", antwortet Franz mit wegwerfender Handbewegung und einem steifen Lächeln im Gesicht. Renate gibt sich Mühe, ihren sarkastischen Unterton zu verbergen, als sie meint: „Franz, täusche ich mich oder hast du vor fünf Jahren 100 Prozent der Anteile der Firma gekauft und mich überredet, dir meine Erbschaft als Darlehen zu geben?" „Ach, das haben wir doch vor fünf Jahren schon diskutiert! Ich habe Betriebswirtschaft studiert und promoviert, und ich habe bei einem Großkonzern in der Direktion gearbeitet, ich glaube nicht, dass du mir als Hausfrau in geschäftlichen Dingen noch etwas zu erklären brauchst! Was hast du übrigens für ein Geschenk für die Einladung bei Professor Wehrli für morgen Abend gekauft?" Renate schlägt sich die rechte Hand an die Stirn und murmelt verlegen: „Ich weiß noch keins. War das überhaupt meine Aufgabe?" Daraufhin meint Franz mit einer gekünstelten Singstimme: „Findest du nicht, du könntest deinen schönen Kopf für solche Dinge verwenden? Erledige du doch zuerst deine Aufgaben, bevor du dich in meine Angelegenheiten einmischst."

Damit ist die Unterredung beendet. Renate zieht sich frustriert zurück, wie schon so oft mit dem Gefühl, gegen ihren Mann niemals anzukommen. Wie meist in diesen Momenten schwankt sie zwischen Wut, Hilflosigkeit, Trauer, Verzweiflung und Angst. Sie ist wütend und traurig zugleich, weil sie sich Franz ständig unterlegen fühlt, hilflos, weil sie das Gefühl hat, dass ihr Mann eine Glaswand zwischen sich und anderen Menschen errichtet hat, und verzweifelt, weil jeder Versuch, etwas an der Situation zu verändern, kläglich scheitert. Renate probiert seit Jahren schon verschiedenste Strategien aus. Sie hat versucht, vernünftig zu diskutieren, hat Fachbücher studiert und sich in die Firmenunterlagen ihres Mannes eingelesen und sachliche Fragen gestellt. Sie hat schon geweint und unter Tränen ihre finanziellen Ängste angesprochen. Sie hat gebettelt, er möge ihr die Wahrheit über ihre finanzielle Situation sagen, und sie hat schon geschrien und gedroht, ihn zu verlassen. Vergeblich. Er hat es immer wieder geschafft, sie zu überzeugen, dass sie ohne ihn nicht leben kann und dass das Recht auf seiner Seite ist. Er hat immer wieder plausible Erklärungen für die finanziell schwierige Situation angeführt und die Sache so lange gedreht und gewendet, dass sie nicht mehr gewusst hat, was sie glauben soll. Seiner Ansicht nach ist er nie schuld, immer stark und intelligent. Sie dagegen benehme sich wie ein verwirrtes Huhn, sei hysterisch und wirke neben ihm etwas dümmlich. Seit ihrer Eheschließung hat Renate mehr und mehr begonnen, an sich zu zweifeln.

Ich wohne in einem schönen Haus am Zürichsee, ich habe ein Auto, eine Putzfrau und Franz' Kreditkarte. Was will ich denn mehr? Bis jetzt ist doch immer alles gut gelaufen. Seit unserer Hochzeit vor zwanzig Jahren ist es immer aufwärts gegangen. Ich verkehre in gehobenen Kreisen, wir sind geachtete Leute. Wieso fühle ich mich so oft veranlasst, an meinem Mann zu zweifeln? Vielleicht hat er ja wirklich recht, und ich sollte mich einfach nur auf meine Aufgaben konzentrieren? Es stimmt im Grunde schon, ich habe nicht einmal an ein Geschenk für die Wehrlis gedacht. Muss er denn alles anordnen? Hätte ich nicht von selbst darauf kommen können, dass ich für ein Geschenk zuständig bin? Er arbeitet den ganzen Tag, und ich habe hingegen nicht viel zu tun. Ein bisschen im Garten arbeiten, einkaufen, Essen kochen und manchmal Kunstgalerien besuchen. Es stimmt schon, ich hätte von selbst an dieses Geschenk denken sollen. Aber warum? Wieso kann er mir nicht einfach mitteilen, dass wir am Samstag eingeladen sind, und mich bitten, ob ich vielleicht noch etwas besorgen könnte? Warum geht er stillschweigend davon aus, dass ich dafür verantwortlich bin. Wehrli ist ja schließlich sein Freund aus dem Rotary-Club, ich kenne ihn kaum und seine Frau noch weniger. Und woher soll ich wissen, was ihnen gefällt?

Blumen und Wein findet Franz zu unpersönlich oder einfach zu simpel. Es muss immer etwas Spezielles sein. So speziell, dass Wehrli über unsere Idee staunt und wir ihm mit unserem kreativen Geschenk in Erinnerung bleiben! Aber was ist schon speziell für einen Professor der Medizin? Teuer darf es – gemäß Franz – nicht sein. Einfach nur kreativ! Selbstgemachte Kekse sind wohl zu gewöhnlich und zeigen nur auf, dass ich zu viel Zeit im Haushalt verbringe. Ein Notfallset? Ein Krankenhauspuzzle mit 1000 Teilen? Ein Buch über Zigarren oder Ernährungslehre? Ein kleines Radio mit Batterien, das auch bei Stromausfall noch funktioniert? Eine Wandtafel auf Rollen mit Kreide, zur Erinnerung an seine Grundschulzeit? Was um alles in der Welt ist heute noch speziell?

Je länger Renate nachdenkt, desto weniger kann sie sich entscheiden. *Wie konnte ich Franz nach der Rückzahlung der Bankschulden und nach meinem Darlehen fragen, wenn ich eine so simple Aufgabe, wie eine Geschenkidee, nicht lösen kann? Woher nehme ich das Recht, Franz nach den Finanzen zu fragen und ihn ständig damit zu drangsalieren?* Renate denkt – wie schon so oft –, sie sei undankbar. Undankbar gegenüber ihrem Mann und für ihr ganzes Leben. *Wieso kann ich nicht einfach zufrieden sein? Wieso schaffe ich es nicht, Glück und Dankbarkeit zu empfinden? Wann war ich denn das letzte Mal so richtig fröhlich und ausgelassen und bin voller Zuversicht durchs Leben gegangen? Ich glaube, das war nach dem Studium in Basel. Ach ja, damals stand mir die Welt offen. Ich fühlte mich endlich frei und ohne Verpflichtungen. Der Druck des Studiums war von mir abgefallen, und ich suchte voller Zuversicht einen Job und fand eine gute Anstellung in einer berühmten Galerie. Für eine Kunsthistorikerin und Marketingfachfrau ein großes Glück. Etwas später packte ich die Gelegenheit beim Schopf und übernahm die Galerie. Die vermögende Stammkundschaft blieb der Galerie treu. Franz war einer von ihnen. Er war groß, schlank und hatte leuchtend blaue Augen. Sein Auftritt war smart und voller Charme, er war eloquent, intelligent und sportlich. Ein Absolvent der Volkswirtschaft der Universität Bern. Er fuhr einen Porsche, was mich an ihm ein bisschen irritiert und gestört hat. Ich hatte ihm das auch gesagt. Woraufhin er lächelte und meinte, er hätte sich ja bloß einen Jungendtraum erfüllt. Jetzt aber, da er in festen Händen sei, hätte er das nicht mehr nötig. Verkauft hat er den Porsche allerdings nie. Im Gegenteil, er hat alle zwei Jahre zum neueren Modell gewechselt, und ich habe mich daran gewöhnt. Und dann das Übliche. Wir haben geheiratet, bekamen einen Sohn und sind nach Zürich umgezogen. Selbstverständlich habe ich die Galerie verkauft und mich ausschließlich der Erziehung von Lukas, dem Haus und dem Garten gewidmet. Nach dem Tod meiner Eltern, hat Franz eine – wie er sagt – einmalige Gelegenheit genutzt und eine Investmentfirma gekauft, und ich habe das Erbe meiner Eltern als Darlehen eingebracht. Ohne es zu merken, habe ich mich einen Schritt nach dem anderen in die Abhängigkeit von Franz begeben. Einmal habe ich es gewagt, ihm das zu sagen. Er hat natürlich mit Recht gefragt, ob er mich je dazu gezwungen hätte. Nein, das hat er natürlich nicht. Ich habe es aus freien Stücken getan. Obwohl … was hätte er wohl gesagt, wenn ich mich geweigert hätte? Wenn ich die Galerie nicht verkauft und das Erbe nicht eingebracht hätte? Ich habe so gehandelt, wie ich gehandelt habe, und darf jetzt nicht hadern. Ich darf ihm die Schuld dafür nicht geben. Es ist jetzt so, wie es ist.*

Renates Gedanken drehen sich im Kreis. Immer wieder fällt ihr auch das fehlende Geschenk ein. Plötzlich stockt ihr der Atem, ihr Herz rast, es wird ihr schwarz vor den Augen, Schwindel überkommt sie, ihre Hände suchen nach Halt und finden nichts. Sie fällt rückwärts mit lautem Krach zu Boden. Franz, aufgeschreckt durch das ihm unbekannte Geräusch, eilt hinzu. Dann verschränkt er die Arme und sagt mit einem höhnischen Unterton: „Da haben wir die Bescherung! Du schaffst es nicht einmal, dich auf den Beinen zu halten. Geh endlich zum Arzt. Am Boden liegend siehst du elend aus. Diesen Anblick können wir Professor Wehrli nicht zumuten, ich sage für morgen Abend ab. So bist du wirklich zu nichts zu gebrauchen." Im Hinausgehen schüttelt er den Kopf und sagt zu sich: *Frauen und Hysterie, das passt einfach zusammen – das sagte meine Mutter auch immer!*

Am nächsten Tag geht Renate zu ihrem Hausarzt. Der spricht von Kreislaufkollaps aufgrund einer Stressreaktion. Er diagnostiziert eine mittelschwere Depression mit der Zusatzdiagnose „Burnout". Zur Genesung weist er sie in eine Klinik hoch über dem Zürichsee ein. Die Diagnose veranlasst Franz zu höhnischem Grinsen: „Wer von uns hat eigentlich mehr Recht auf ein Burnout? Das bin wohl ich! Du und Burnout? Burnout haben Menschen, die besonders viel arbeiten. Ich habe noch nie gehört, dass man vom Herumsitzen ein Burnout kriegt! Ganze zwölf Wochen sollst du in einer Klinik verbringen? Unser Staat geht direkt vor die Hunde, wenn jetzt schon Hausfrauen drei Monate staatlich bezahlten Urlaub bekommen. Aber gut, ich will ja nicht so sein, wenn der Arzt meint, du seist krank, dann wird das wohl stimmen. Sollen die Ärzte in der Klinik zusehen, dass sie dich wieder auf die Beine bringen. Vielleicht bist du nachher auch geheilt von der ewigen Fragerei wegen deines

Erbes. Die Ärzte werden dir hoffentlich ins Gewissen reden."

Franz besucht Renate während dieser Zeit nur selten in der Klinik, und nimmt auch an keinem Familiengespräch teil. Seine Überzeugung steht fest: Renate ist krank und braucht ärztliche Hilfe. Mit ihm hat das nichts zu tun. Er kann Renate in dieser Situation sowieso nicht helfen, schließlich ist er nicht Arzt von Beruf. Die Mutter von Franz hat ihren Sohn vor hysterischen Frauen gewarnt. Diese seien unberechenbar und charakterlich labil. Sie hat ihm im Vertrauen auch mitgeteilt, dass Renates Mutter stark zur Hysterie neigen und sich diese Krankheit bestimmt auf Renate übertragen würde. „Du wirst sehen, Franz, diese Frau macht dir noch Schwierigkeiten", das hat sie mehr als einmal zu ihrem Sohn gesagt.

Franz ist überzeugt, ein verständnisvoller Ehemann zu sein. Schließlich akzeptiert er ohne Murren, dass seine Frau ihn drei Monate alleine lässt. Renates Vater, der selbst Klinikarzt war, hätte das nie akzeptiert und seine Frau nie zu einem anderen Arzt oder in eine Klinik geschickt. Franz empfindet fast so etwas wie Stolz, besser zu sein als sein Schwiegervater.

Nach zwölf Wochen kommt Renate sichtlich aufgeblüht, erholt und gestärkt zu Franz zurück. Franz begutachtet seine Frau misstrauisch. *Sie sieht so verändert aus. Gar nicht geknickt. Haben die Ärzte ihr nicht deutlich genug gesagt, dass sie sich etwas demütiger zeigen soll? Ich hätte vielleicht mit diesen Herren ein ernstes Wort reden sollen. Aber Psychiater sind so ein eigenes Volk. Die sind ja meist verrückter als ihre irren Patienten. Wie konnte ich nur glauben, dass Renate bei denen echte Hilfe bekommt?*

Die Beziehungsdynamik verändert sich nach Renates Aufenthalt in der Klinik kaum merklich, in kleinen Schritten. Renate hat in den drei Monaten eine neue innere Haltung sich selbst und Franz gegenüber erworben. Ihr Verhaltensmuster hat sich verändert. Die Szene vom Anfang dieser Geschichte wiederholt sich im Ansatz, nimmt dann aber einen anderen Verlauf:

Franz ist aufgeräumt und locker: „In der Geschäftsleitungssitzung waren alle gegen mich, also musste ich jeden Einzelnen von meinen Argumenten überzeugen, und jetzt haben sie es endlich begriffen. Ich habe sie überzeugt, mich durchgesetzt, und nun sind alle ganz meiner Meinung. Ich habe recht bekommen." Renate zeigt sich zugewandt und interessiert: „Du scheinst dich zu freuen. Worum ist es denn gegangen?" „Ach, um Preisfestlegungen." Renate: „Welche Meinung haben denn die anderen im Unterschied zu dir vertreten?" Franz: „Sie wollten ein Investmentprodukt teurer verkaufen als ich. Und da habe ich mich halt durchgesetzt." Renate: „Und wie viel macht dieser Preisunterschied auf den Jahresumsatz und auf den Firmengewinn aus?" Franz: „Interessiert dich das als Hausfrau wirklich? Ich glaube, du solltest dich besser um ein Geschenk für die Einladung von Professor Wehrli kümmern." Renate: „Ich glaube schon, dass ich mir eine Vorstellung von viel und wenig Umsatz machen kann." Franz: „Was ist mit dem Geschenk?" Renate: „Weißt du, eine Umsatz- und Gewinnsteigerung wäre in der finanziell schwierigen Situation der Firma auch für mich beruhigend, denn ich möchte das Geld, meine Erbschaft, wieder zurückhaben." Franz bäumt sich vor Renate auf, wird wütend und schreit: „Du hast mir das Geld freiwillig gegeben, und es ist dein Problem, dass es nun in der Firma steckt!“ Renate antwortet ruhig: „Ich verstehe, dass du in großer Sorge bist, das bin ich auch. Ich werde aber mein Geld mit allem Nachdruck einfordern und dabei hart bleiben.“ Franz: „Wir werden ja sehen, wer von uns zwei den längeren Atem hat!“

In diesem Moment erkennt Renate, dass Franz sehr wütend werden kann, wenn sie sich gegen ihn auflehnt und eine andere Meinung vertritt, statt klein beizugeben. Sie erkennt auch, dass sie bis dahin Auseinandersetzungen entweder vermieden hat oder innerlich sehr wütend geworden ist. Er hingegen hat nach außen hin immer recht ruhig gewirkt. Und dies ist in diesem Moment umgekehrt. Franz hat von langem Atem gesprochen. Er wird also mit ihr kämpfen, bis einem von ihnen beiden der Atem wegbleibt. Renate versucht es daraufhin noch einmal anders: „Franz, ich habe dir das Geld geliehen und nicht geschenkt. Es ist meine Erbschaft von meinen Eltern, die mir sehr viel bedeutet haben, und ich möchte das Darlehen wieder zurückerhalten. Damals habe ich dir das Geld geliehen, weil ich dir vertraut habe. Heute aber habe ich Sorge, dass ich das Geld nicht mehr bekomme. Mein Vertrauen in dich ist geschwunden, deshalb möchte ich mein Geld zurück.“ Franz droht ihr daraufhin mit Anwälten, der Scheidung und dem Rauswurf aus dem Haus. Renate reagiert verletzt. Sie bringt es aber fertig, auf ihren Rechten als Ehefrau zu beharren.

Von da an geht alles ganz schnell. Innerhalb von wenigen Tagen willigt sie in die Scheidung ein, zeigt sich bereit, gemeinsam einen Anwalt zu engagieren und sich mit Franz auf diese Weise auseinanderzusetzen. So nimmt die Geschichte für Renate eine Wende. Nie hätte sie geglaubt, dass sie stark genug sein könnte, ihre Rechte und ihren Willen durchzusetzen. Und dann passiert das völlig Unerwartete: Franz bricht weinend zusammen, klammerte sich an Renates Beine und schluchzt: „Verlass du mich nicht auch noch!"

Das also ist die andere Seite des aalglatten Franz. Die Glasscheibe ist geborsten, dahinter sitzt ein kleiner Junge. Ein Junge, der sich einen Porsche kauft und sich dadurch als Mann fühlt. Ein Junge, der mit meinem Geld und einem Unternehmen spielt. Einer, der sich mit Rotary brüstet und bei Professoren zu Gast ist und mich mit seinen blauen Augen und seinem eloquenten Gerede beeindruckt. Auch das also ist Franz. Wie einfach erscheinen mir plötzlich die Zusammenhänge. Dass mir das nie in den Sinn gekommen ist? Wie blind muss ich gewesen sein! Und jetzt sehe ich glasklar, und ich kann nicht mehr wegsehen.

Renate löst sich aus der Umklammerung ihres Mannes und wendet sich voller Verachtung ab. Kurz darauf fordert sie mittels Gerichtsbeschluss ihr Darlehen zurück. Franz kommt mit dieser neuen Situation nicht zurecht. Er lässt seine Wut an den Mitarbeitenden aus, die das Unternehmen bald darauf verlassen. Ohne seine Frau besucht Franz auch seine Freunde nicht mehr. Seine Situation verunsichert ihn, und er ist der Überzeugung, dass seine Freunde ihn nicht mehr ernst nehmen. Also zieht er sich aus dem gesellschaftlichen Leben zurück. Sein Porsche wird erneut zu seinem Hobby. Immer wieder braust Franz über Land. Einmal biegt ein anderes Fahrzeug etwas zu schnell in die Kreuzung ein, auch Franz ist schnell unterwegs … Es kracht. Beide Wagen sind schrottreif, doch die Insassen bleiben – fast wie durch ein Wunder – unverletzt. Eine große Diskussion über die Schuldfrage beginnt, bis ein Gericht Franz für schuldig erklärt. Die Buße ist hoch, der Führerschein wird

Franz entzogen, der Porsche ist Schrott, die Firma am Abgrund und weit und breit kein Freund, der diesen Namen verdient hätte. Beinahe am Nullpunkt angelangt, kommt Franz in Sophias Praxis.

Franz blickt wie durch einen Schleier zu Sophia. Er spricht schnell und fließend. Seine Stimmungslage wirkt erstaunlich ruhig, gefasst und zwischendurch fast fröhlich. Sophia ist irritiert: *Ich werde nervös. Fragen, die ich stellen will, entfallen mir augenblicklich. Ich versuche, Franz zuzuhören, verstehe aber nicht, was er sagt. Ich spüre in mir eine große Verwirrung und Angst. Ich habe das Gefühl, ihm nicht gewachsen zu sein.* Laut sagt sie: „Franz, darf ich Sie bitten, mir meine Fragen ganz kurz in wenigen Sätzen zu beantworten, so dass ich in kurzer Zeit gut verstehe, worum es bei Ihnen geht?" Franz: „Aha, Sie sind also schwer von Begriff. Klar, eine Psychologin eben. Gut, ich werde mich Ihnen anpassen. Wir wollen ja weiterkommen, meinen Sie nicht?" Daraufhin antwortet Sophia nicht, also fährt Franz fort: „Ich habe alles im Griff, hatte lediglich Pech mit meiner Frau und mit meinen miserablen Mitarbeitern!" Er spricht diesen Satz langsam und gedehnt. Sophia konzentriert sich auf ihren Atem, weiß, dass sie seine Wut und nicht ihre eigene spürt. Dennoch sieht ihr inneres Auge, wie sie ihm an die Gurgel geht, ihn schüttelt und anschreit: *„Alle anderen sind schuld? Gott auch? Und* Sie?" Sie spürt einen eigenartigen Sog in das Innenleben von Franz, und dann schießt es ihr durch den Kopf: *Gegenübertragung! Ich spüre seine Wut und möchte sie am liebsten gegen ihn richten! Ich habe große Mühe, auf Distanz zu gehen und neutral als Therapeutin zu agieren. Franz macht es mir fast unmöglich, eine Außensicht einzunehmen.*

In den weiteren Stunden bewegen sich Franz und Sophia zwischen Vertrauen und Misstrauen, zwischen Einsicht und Verwirrung, Kränkungen, Freude, Lob, Wut und Trauer. Sophia wird sich nach und nach bewusst, welche Energie sie dieser Klient kostet. Sie ist nicht sicher, ob Franz überhaupt zu den Gefühlen fähig ist, die er vorgibt zu haben. Sie fragt sich manchmal in diesen Wechselbädern der Empfindungen: *Kann er diese Emotionen tatsächlich empfinden, oder spielt er mir bloß etwas vor?* Die Beziehung zu Franz gleicht einer Achterbahnfahrt.

Franz lädt mich dazu ein. Ich schaffe es nicht, draußen zu bleiben, sondern steige ein und fahre mit. Das macht mich selbst wütend, aber auch hilflos. Ich frage mich wieder und wieder: Bin ich ihm gewachsen? Sollte ich nicht lieber die therapeutische Beziehung beenden? Häufig kommt er zu spät zur Sitzung, oder er vergisst den Termin sogar. Dann wiederum produziert er eine derart dramatische Krise ausgerechnet am Ende einer Stunde, dass ich in Versuchung gerate, andere Klienten warten zu lassen, um ihn zu stabilisieren. Immer mehr denke ich auch zu Hause über Franz nach, ich führe Selbstgespräche, um seine Situation besser ergründen zu können und sein Geheimnis, welches er anscheinend selbst nicht kennt, zu lüften. Er gibt mir Rätsel auf, die ich zu knacken versuche. So zum Beispiel scheint er sich der selbst aufgebauten Glaswand um ihn herum sehr wohl bewusst zu sein. Er meint, dass diese nötig sei, weil er sonst zu sehr die Distanz verlieren und mit anderen Menschen verschmelzen könnte. Was eine Verschmelzung für ihn allerdings bedeutet, welchen Unterschied er dann erleben und welche negativen Konsequenzen er daraus ableiten würde, darauf hat er keine Antwort, sondern schaut mich mit seinen glasig blauen Augen ruhig, offen und etwas hilflos an.

Dann wischt er sich plötzlich eine Träne aus den Augen und meint, vielleicht wäre eine Verschmelzung sehr schön, doch die Angst, diesen Zustand verlieren zu können sei zu groß, um es auszuprobieren. Ja, er könnte sich sogar vorstellen, dass er bei Ablehnung durch sein Gegenüber in Versuchung geraten könnte, Selbstmord zu begehen. Da sei doch eine Glaswand viel sicherer. Dann lächelt er verschmitzt, und ich bin nicht sicher, ob er mir einfach mit einer sinnigen Antwort etwas vormachen und ein neues Rätsel aufgeben wollte.

Für die nächste Stunde nimmt sich Sophia vor, Franz mit seiner Unpünktlichkeit und den verpassten Sitzungsterminen zu konfrontieren. Außerdem will sie von ihm wissen, warum er zu ihr kommt und woran er merkt, dass sie die richtige Psychologin für ihn ist. Sophia hat schon länger den Eindruck, dass er vielleicht besser zu einem männlichen Kollegen gehen sollte.

Franz kommt wie üblich verspätet. Als Sophia, genervter als sie eigentlich beabsichtigt, auf ihre Uhr schaut, entschuldigt er sich derart rührend, dass sie zunächst nur ein Lächeln übrig hat. Gerade als sie ihre Fragen stellen will, nimmt er seinen elektronischen Terminkalender hervor, schneidet ihr die Frage ab und meint: „Wissen Sie Sophia, Sie sind für mich die richtige Psychologin. Sie verstehen mich, Sie stellen mir die richtigen Fragen, über die ich noch lange nach den Sitzungen nachdenke. Nun will ich endlich mit Ihnen alle Termine exakt fixieren, damit diese Missverständnisse ein Ende haben." Sophia bleibt der Mund offen stehen. Sie atmet tief ein und aus und vergisst beinahe, was sie fragen wollte. Dann überlegt sie sich, wie das wohl bei Franz ankäme, wenn sie ihre Frage unabhängig von seiner Aussage trotzdem stellte. Sie klärt zunächst die Termine in

Ruhe ab und fragt danach ungerührt: „Franz, woran merken Sie, dass ich die richtige Psychologin für Sie bin?“ Franz erwidert rasch: „Ich habe mir gedacht und auch gehofft, dass Sie eines Tages das Thema Pünktlichkeit ansprechen würden. Ich will wissen, ob es Sie interessiert, wenn ich zu spät oder gar nicht komme. Nun weiß ich, dass Sie sich für mich interessieren, und das ist mir sehr wichtig. Daran erkenne ich, dass Sie die richtige Psychologin für mich sind und eine Beziehung zu mir aufbauen wollen.“

Sophia denkt noch lange über diese Antwort nach. Sie spürt die Angst, die Franz umtreibt, und glaubt, auch seine innere Leere wahrzunehmen. Dennoch wird sie nicht schlau aus seinem Verhalten. Von Stunde zu Stunde zeigt Franz ein anderes Gesicht, tischt irgendwelche wirren Geschichten auf, von denen Sophia glaubt, sie seien übertrieben oder teilweise sogar erfunden. Sie merkt, dass sie mit Franz an ihre Grenzen stößt und bespricht sich mit einer Kollegin. „Ich habe das Gefühl, dass mich dieser Fall zu sehr beschäftigt und ich mich erschöpfe. Zudem ist mir neu, dass ich meinen Gefühlen nicht trauen kann. Ich weiß einfach nicht, ob ich in diesem Fall die Richtige bin und ihm nützlich sein kann.“ Nach dieser Diskussion entscheidet sich Sophia, dass sie in der kommenden Stunde Franz den Aufenthalt in einer Klinik vorschlagen will. Sie fasst eine klare Entscheidung: Unterbrechung der Therapie mit Franz zugunsten einer stationären Behandlung.

Wer weiß, vielleicht findet er dort den richtigen Therapeuten und entscheidet sich dann für einen Wechsel. Es könnte auch sein, dass er nach der Klinik verändert zurückkommt und wir tatsächlich weitermachen können. Jedenfalls finde ich diese Lösung darum gut, weil ich die Beziehung zu ihm nicht gänzlich beende. Ich könnte ihm eine Auszeit von unseren Sitzungen zugunsten einer anderen Maßnahme vorschlagen. Im Hintergrund wäre ich immer noch da. Ich denke, dass Franz nur sehr schwer Bindungen eingehen kann. Ich will weiteren psychischen Schaden bei ihm vermeiden. Allerdings frage ich mich gerade, wieso ich mich um ihn wie um ein Kind zu kümmern beginne. Ich schenke seinem Wohl viel mehr Aufmerksamkeit als meinem eigenen …

Noch bevor Sophia die geplante Maßnahme Franz gegenüber zur Sprache bringen kann, überschlagen sich die Ereignisse. Die Firma von Franz geht Konkurs, und er bittet sichtlich verstört um einen dringenden Termin bei Sophia. Sophia gewährt ihm nur zögernd einen sehr kurzfristigen Termin. Franz erscheint pünktlich und kommt lächelnd zur Tür herein. In steifer und aufrechter Haltung begrüßt er sie mit sehr festem Händedruck und den Worten: „Hallo Frau Psychologin, wie geht es Ihnen heute?" Sophia hält inne, sieht ihn ernst an und meint schließlich scharf: „Franz, Sie verwirren und irritieren mich zutiefst." Daraufhin blickt er Sophia glasig, wie durch einen Schleier hindurch an und schreit: „Du bist schuld, du hast die Firma gegründet und mir einen Haufen von Schrott hinterlassen! Ich muss alles ausbaden und kein Schwein hat mir dabei geholfen, auch du nicht!" Franz hat Sophia ganz offensichtlich mit seinem Gründungspartner verwechselt. Sophia sieht Franz zunächst schweigend mit festem Blick an, wartet auf eine Pause und klopft laut mit ihrer Handfläche auf den Tisch, ohne den Blick von ihm abzuwenden, und sagt bestimmt: „Sophia ist mein Name, ich bin Psychologin, und Franz, Sie machen mir Angst!" Franz erwacht wie aus tiefer Trance und meint: „Ich habe es geschafft, hierherzukommen. Ich bin nicht Auto gefahren, sondern Bus. Ich habe es geschafft, weder mich, noch sonst jemanden in Gefahr zu bringen. Ich bin manchmal impulsiv und verliere meine Steuerungsfähigkeit. Es ist wohl an der Zeit, dass ich ein Steuer in die Hand kriege, das mir und wohl auch anderen mehr Sicherheit gibt." Franz hat an diesem Morgen in Sophias Praxis seine Einweisung in eine psychiatrische Klinik selbst veranlasst.

Psychologischer Hintergrund der Geschichte

Franz wird durch eine besondere Form des Ordnungsstrukturtyps mit narzisstischen und emotional labilen Verhaltensmustern beschrieben. Er strebt nach einer Position in der Gesellschaft, will sich durchsetzen und recht haben. Da er sich mit seiner Position identifiziert, gerät er in großen Stress, wenn sie ins Wanken gerät. Es geht nicht nur um den Verlust seiner Position, sondern gleichzeitig um den Verlust seiner damit verbundenen Persönlichkeit. Um ihre Position zu festigen und abzusichern, versuchen Ordnungsstrukturtypen dieser Art, Dritte von sich abhängig zu machen, und setzen dazu psychische, finanzielle, emotionale oder moralische Strategien ein. Nur wenn sie ihr Umfeld aktiv so steuern können, dass ihre Position stabil bleibt, fühlen sie sich sicher. Franz hat bisher die Erfahrung gemacht, dass er sein Umfeld, so wie es ihm beliebt steuern und beeinflussen kann. Er fühlt sich – mindestens zu Beginn der Geschichte – als einflussreicher Akteur, im Gegensatz zu Roland in der vorangegangenen Geschichte „Der Banker und sein Schatten-Ich", der sich von anderen kontrolliert sieht und sich eher hilflos und ausgeliefert erlebt. Es handelt sich hierbei um die Kehrseite derselben Medaille. Franz stellt in dieser Geschichte eine Extremform eines Ordnungsstrukturtyps mit pathologischen Elementen dar. Er weist narzisstische Denk- und Verhaltensmuster auf. Diese Ausprägung ist natürlich und glücklicherweise nicht die Norm, jedoch können wir abgemilderten Formen dieses Musters im Alltag durchaus begegnen.

Franz demütigt seine Frau und verunsichert sie derart, dass sie selbst nicht mehr weiß, wer sie ist und was sie kann. Spricht Renate kritische Punkte an, wie zum Beispiel die schwierige finanzielle Situation in der Firma, dann lenkt Franz vom Thema ab, indem er auf sein Recht verweist („Du hast mir das Darlehen freiwillig gegeben") und ihre Schwächen hervorhebt („Ich bin Doktor und du Hausfrau"). Das geht so weit, dass sie als gut ausgebildete Frau und ehemalige Galerieinhaberin sich nicht mehr zutraut, ein Geschenk für einen Freund ihres Mannes auszuwählen. Typisch für das Zusammenspiel solcher Muster ist, dass die psychisch gesündere Person sich schließlich psychiatrische Unterstützung holt, obwohl der Partner viel dringender solcher bedurft hätte. Erst als Renate in Therapien über ihre Situation nachdenken kann, findet sie schrittweise zu sich selbst zurück. Damit dreht sich die Situation um, und Franz gerät in die Defensive. Renate sieht nun den kleinen, hilflosen Jungen in ihm, der viele Statussymbole braucht, um sich als Mann zu fühlen. Diese Erkenntnis ist derart ernüchternd, dass sie einzig die Trennung von Franz als Lösungsmöglichkeit sieht. Renate zieht die Scheidung durch und löst den Konflikt auf dem Rechtsweg.

Jetzt fällt Franz' Kartenhaus zusammen. Er verliert seine Position als Ehemann und Herrscher, aber auch als Hüter von Recht und Ordnung. Jahrelang hat er sich auf seine Dominanz gegenüber Renate verlassen können, er hat sich immer durchgesetzt, und sie hat ihm jedes Mal recht gegeben. Die Vorstellung seines Einflusses, seiner Größe und Macht haben bisher mit seiner Realität übereingestimmt. Lange Zeit konnte er sein Eigenbild aufrechterhalten, ein erfolgreicher Unternehmer mit einem Haus in bester Lage von Zürich und einem teuren Sportwagen zu sein. Auch wenn die Investmentfirma finanziell in einer schwierigen Lage war und diese Probleme offensichtlich waren, hat er dies gekonnt verdrängt, negiert oder davon abgelenkt. Nachdem Renate ihn verlassen hat, gerät das so sorgfältig aufgebaute System von Franz aus der Kontrolle. Dies zeigt sich sinnbildlich darin, dass er mit dem Auto viel zu schnell unterwegs ist und auch da die Kontrolle verliert. Diese Fahrt hätte auch tödlich für einen oder beide Beteiligten enden können. Glücklicherweise gibt es nur Sachschaden, und Franz holt sich endlich Hilfe bei Sophia.

Sein Muster bleibt auch während der Therapie vorerst dasselbe: Er versucht Sophia zu kontrollieren, abzuwerten und zu verunsichern. Sophia fühlt sich häufig in die Enge getrieben und nicht frei, das zu entscheiden, was für sie selbst nützlich wäre. Sie bemerkt, dass sie der Fall völlig erschöpft. Schließlich entscheidet sie sich mit schlechtem Gewissen für einen Therapieabbruch. Die sich überschlagenden Ereignisse kommen Sophia zur Hilfe. Mit der Konkurseröffnung gerät das System von Franz vollends außer Kontrolle. Das so sorgfältig aufgebaute persönliche Bild von Größe und Macht stimmt mit der äußeren Realität nicht mehr überein. Franz sieht nun keine Möglichkeit mehr, wenigstens Teile seines Eigenbildes von sich zu bewahren. In größter innerer Not verwechselt er Sophia sogar mit dem Firmengründer. An diesem Punkt wird Sophia klar, dass Franz an einer ernstzunehmenden psychischen Störung leidet. Ausgelöst durch großen Stress können solche massiven Persönlichkeitsveränderungen vorkommen, was allerdings darauf hindeutet, dass nun mehr notfallmäßig gehandelt werden muss. Franz selbst veranlasst dann auch sofort seine Einweisung in eine Klinik.

Wir finden dieses ausgeprägte Muster besonders häufig bei Männern. Sie führen sich herrisch auf, wollen andere durch ihren barschen Befehlston und ihre Wutausbrüche beeindrucken. Mit Schuldzuweisungen treiben sie ihr Gegenüber in die Enge. Sie werten ihre Mitmenschen ab, um selbst groß zu erscheinen und ihre Machtposition zu demonstrieren. In Konfliktsituationen versuchen sie, elegant vom Thema abzulenken, indem sie eine Diskussion über etwas völlig anders anfangen, bei der sie gewinnen können und recht bekommen. Oder sie zitieren Passagen aus einem Reglement oder Gesetzbuch, bis das Gegenüber sich geschlagen gibt. Selten loben sie andere für ihre geleistete Arbeit, stattdessen verlangen sie oft mehr oder etwas anderes. Sie arbeiten mit Schuldgefühlen oder bringen andere mit Charme und schmeichelnden Worten dazu, Dinge auszuführen, die sie im Grunde gar nicht tun wollen. Nach außen hin sind solche Menschen smart, eloquent und oft souverän im Auftritt. Sie sprühen vor Charme, und das Umfeld verzeiht ihnen viel. Sie sind freigiebig, wo es sie persönlich nicht viel kostet, den anderen aber gefügig macht. Sekretärinnen werden unverhältnismäßig gut bezahlt. Ehefrauen erhalten eine Kreditkarte auf das Konto ihres Mannes, wobei er ihre Einkäufe monatlich in Nebensätzen kommentiert und ein Dankeschön erwartet.

Häufig sind es Frauen vom sozialen Typus, die bereit sind, sich für solche Männer aufzuopfern. Wenn Frauen gelernt haben, sich unterzuordnen und sich hingebungsvoll um andere zu kümmern, bietet sich der Ordnungsstrukturtyp in dieser starken Ausprägung geradezu an. Ihm können sie all ihre Zuwendung und Aufmerksamkeit geben. Die Gefahr besteht allerdings, dabei auszubrennen. Renate erlebt ein Burnout und kann sich nicht zuletzt dadurch befreien. Andere Frauen leiden still und voller Demut und suchen unablässig das Positive an ihrem Mann (oder ihrem Chef) und der Situation: „Sein Auftritt ist stark und mächtig. Ich könnte nie, was er kann, und dennoch hat er sich einzig für mich entschieden! Sein Licht strahlt auch hell auf mich herab.“ Es ist zu hoffen, dass Frauen lernen oder schon gelernt haben, selbst zu strahlen.

Es ist zu vermuten, dass Franz eine sehr schwierige Geschichte hat, und er viele grenzüberschreitende Handlungen erleben musste, die es ihm unmöglich gemacht haben, einen stabilen und gesunden Selbstwert zu bilden. Dennoch wird er lernen müssen, seine eigene Persönlichkeit unabhängig von einer gesellschaftlichen Position zu finden und anzuerkennen. Er tut einen ersten großen Schritt, indem er sein Auto stehen lässt und Sophia aufsucht. Danach lässt er sich auf eigene Initiative in eine Klinik einweisen. In beeindruckender Art und Weise übernimmt er somit Verantwortung für sich selbst und merkt, dass er etwas bei sich verändern muss. Es gibt Hoffnung, dass weitere Schritte folgen.

3

Wie Menschen des Erkenntnistyps mit Konflikten umgehen

3.1 Maulsperre im Schlaraffenland

„Kündigen? Nach nur zwei Jahren?" Anna verdreht die Augen und lässt sich mit einem tiefen Atemzug auf den Stuhl fallen. „Du machst mich närrisch mit deinem Hin und Her! Was willst du denn Neues machen? Weißt du eigentlich, was du willst?"

Simon blickt enttäuscht zu Anna: „Ich wusste, dass du das sagen würdest. Ich weiß ja selbst nicht, was mit mir nicht stimmt. Nach zwei Jahren in einem Job bin ich einfach erschöpft. Ich finde ihn langweilig. Ich mag am Morgen nicht mehr hingehen. Am Sonntagabend kriege ich die Krise, wenn ich nur schon an Montag denke! Morgens schaue ich in den Terminkalender, und es wird mir übel. Alle diese Sitzungs- und Kundentermine, die mir meine Kollegen und Mitarbeiter eingetragen haben; sie engen mich ein. Mein Tagesablauf ist so strukturiert, so öde, immer dieselben Themen, dieselben Menschen, dieselben Probleme, immer dasselbe … Es ist, als ob ich am Montag mit einem Kopfsprung ins kalte Wasser springen und dann kilometerweit tauchen müsste, bis es Freitagabend wird. Dann endlich tauche ich auf und atme ein Wochenende lang tief durch! Ich kann das nicht mehr länger." Anna seufzt: „Simon, was willst du vom Leben? Ich meine, das ist doch überall so. Du kannst doch nicht einfach, weil dir ein bisschen langweilig ist, jedes Mal gleich den Bettel hinwerfen und davonrennen. So bringst du es nie zu etwas. Bis du befördert wirst, musst du an einer Stelle drei Jahre bleiben. Wenn du bereits nach zwei Jahren wieder gehst, bleibst du immer auf derselben Stufe. Natürlich wird so dein Job nicht spannender!" „Ja, Anna. Ich weiß. Es kommt mir so vor, als renne ich vor der Beförderung davon. Kurz davor ist mir in der Regel so sterbenslangweilig, dass ich den Karrieresprung nicht abwarten kann und die Abteilung oder sogar die Firma wechsle. Und auf diese Weise beginne ich immer wieder von vorn. Allerdings bin ich aufgrund einiger Wechsel im jetzigen Job höher eingestuft worden. Es ist ja nicht so, dass ich immer Assistent geblieben bin. Ich habe mir durch die vielen Wechsel auch viel Erfahrung angeeignet, was mein jetziger Arbeitgeber ja auch belohnt hat. Doch im Grunde hast du recht. Wer wirklich Karriere machen will, müsste länger an einem Ort bleiben. Ich kann das einfach nicht. Vielleicht bin ich einfach nicht fürs Arbeitsleben gemacht?" Anna wird unruhig: „Nicht fürs Arbeitsleben gemacht? Nun, faul bist du ja nicht. Das kann ich wirklich nicht behaupten. Im Gegenteil, ich finde, wenn dich etwas begeistert, dann bringst du erstaunliche Energie dafür auf. Doch hält dies einfach nicht lange an, und dann wirfst du alles wieder weg, weil es dir l a n g w e i l i g geworden ist! Du kommst mir vor wie ein verwöhntes Kind, das sich für neue Spielsachen begeistert, und weil es so viele davon hat, wirft es die, mit denen es bereits einmal gespielt hat, gerade wieder achtlos weg. Und du hast wirklich viel berufliches ‚Spielzeug' gehabt … Angefangen von einem Jurastudium, das du aufgegeben hast, weil du lieber als Reiseleiter gearbeitet hast. Dann bist du Verantwortlicher für Kulturreisen geworden, und als du die meisten spannenden Opern- und Schauspielhäuser gesehen hast, bist du dort weg, um Zimmermann zu werden. Du wolltest mal etwas mit den Händen tun, abends ein Resultat sehen und physisch müde sein von der Arbeit, hast du gesagt. Klar, dass dies nur eine kurze Zwischenphase war, um auf andere Gedanken zu kommen. Aber dann kamen Zwischenstopps als Lehrer und als Bankangestellter, bis du schließlich Kadermitglied beim Bund im eidgenössischen Departement für Bildung, Forschung und Innovation geworden bist. Was kommt als Nächstes? Ich meine, du hast einen todsicheren und soweit ordentlich bezahlten Job! Simon, wenn wir Kinder hätten, ich würde es dir glatt verbieten, auch nur darüber nachzudenken!"

Simon erwidert geknickt: „Wir haben aber keine Kinder, darum kann ich ja darüber nachdenken. Und vielleicht war ich sogar sehr erleichtert, als klar war, dass wir keine Kinder haben können. Im Grunde wollte ich immer frei sein, unabhängig, finanziell ungebunden. Klar wäre das mit Kindern nicht möglich. Aber ich sage dir, wenn ich über meine beruflichen Möglichkeiten nicht nachdenken dürfte, dann würde ich eingehen oder explodieren. Es wird immer wichtiger für mich, dass ich darüber nachdenken kann. Es gibt einfach zu viele Dinge im Leben, die ich spannend finde." Anna unterbricht: „Und die dich dann als verwöhnter Junge auch sofort wieder langweilen? Zum Glück bin ich keine sehr sicherheitsbedürftige Person und kann damit auch gut leben, dass wir keine Kinder haben. Ich habe meine Projekte und reise viel. Ich bin viel weg, meine Wochen sehen immer anders aus, und du machst das mit. Ich muss nicht um sechs Uhr abends zu Hause sein und dich bekochen oder unterhalten. Das finde ich ja gerade das Gute an dir und unserer Beziehung. Auch dass wir nie geheiratet haben, finde ich modern und angemessen, weil wir uns immer wieder frei für unsere Beziehung entscheiden können. Für mich ist das ein gutes Lebensmodell. Ich kann auch spontan Freunde treffen, übers Wochenende verreisen und Kurse besuchen, je nach Lust und Laune. Du unterstützt mich, wo immer es geht. Ich muss mich also nicht eines Tages beklagen, ich hätte mich nicht verwirklichen können, dazu lässt du mir jederzeit genügend Raum. Deine beruflichen Bocksprünge sind trotzdem extrem anstrengend für mich. Und ich denke, weiß der Mann eigentlich, was er will? Lässt er mir vielleicht die Freiheit nur, weil er nicht weiß, was er sonst mit mir anfangen könnte? Oder gar, weil es ihm sonst mit mir zu langweilig würde? Du setzt also auch voraus, dass ich mit meiner Freiheit umgehen kann, ich mich auch zu beschäftigen weiß und mein Leben unabhängig von dir gestalten kann. Wäre ich zu oft daheim, und hätten wir einen sehr regelmäßigen Ablauf des Zusammenlebens, ich glaube, du wärst schon lange von mir davongerannt!“

Simon anerkennend: „Unsere Beziehung habe ich noch gar nicht von dieser Seite her gesehen. Ich habe sie einfach so hingenommen, wie sie ist, und habe das so gut gefunden. Doch wie du das jetzt formulierst, leuchtet mir einiges ein. Ja, ich gebe dir recht, auch in der Beziehung brauche ich Abwechslung und würde Routine verabscheuen. Schön, dass du damit so gut umgehen kannst und das auch brauchst. Wenn ich unsere Beziehung ebenso hinterfrage würde wie den Beruf, das wäre zu anstrengend! Ja, ich will einen selbständigen Menschen neben mir haben, der außer unserem gemeinsamen Leben noch ein eigenes hat. Ich finde das spannend, wenn du von Reisen zurückkommst und mir davon erzählst. Ich muss das nicht alles selbst miterlebt haben. Ich finde es tatsächlich erfüllend, eine so eigenständige Persönlichkeit neben mir zu wissen, die auch ohne mich überleben könnte, sich dennoch jeden Tag aufs Neue für mich entscheidet. Ich bin richtig stolz auf dich und unsere Beziehung. Und ich bin froh, wenn dich meine beruflichen Wechsel nicht aus der Bahn werfen. So habe ich beruflich die Freiheit, nur auf mich zu hören und zu schauen, was ich als Nächstes anpacken will. Und ich bin froh, dass wir dieses Thema so gut besprechen können. Du könntest ja auch ängstlich und äußerst ablehnend reagieren." Anna antwortet trocken: „Falls du es nicht bemerkt hast, ich bin ablehnend, aber nicht, weil ich Angst habe zu verhungern oder so, sondern weil ich mir tatsächlich etwas mehr Stabilität in deinem Berufsleben wünsche!" Simon: „Und warum das?" Anna: „Darum!"

An diesem Punkt der Diskussion angelangt, wissen beide, dass die Fronten verhärtet sind und das Thema für den Moment vom Tisch ist. Trotz größtmöglicher Unabhängigkeit und Autonomie in der Beziehung, will Simon im Job noch eine Weile durchhalten, weil Anna ihm die Unterstützung für einen erneuten Jobwechsel zurzeit untersagt und kein Verständnis dafür zeigt. Im Grunde versteht er sich selbst nicht, sonst hätte er es ihr erklären können. Er fühlt sich tatsächlich wie ein verwöhntes Kind, das alles hat und nie zufrieden ist.

Ich sitze mit einer Maulsperre im Schlaraffenland. Ich habe jeden Job bekommen, den ich wollte, und ich habe ihn immer aufgegeben, ohne dass mich jemand dazu gezwungen hätte. Auch jetzt wieder. Ich will weg, obwohl wir ein gutes Team haben, obwohl im Grunde alle Mitarbeitenden und sogar die Vorgesetzten soweit in Ordnung sind, obwohl ich von außen betrachtet einen geachteten Beruf und eine ordentliche Bezahlung habe. Wieso kann ich nicht zufrieden sein? In jedem Job gibt es Routine. Wieso ist das nur für mich so schwierig auszuhalten? Andere können das auch, warum ich nicht? Wenn ich mich da und dort einmal versuchsweise bewerbe, dann kommt natürlich die Frage nach meinem unsteten Berufsleben. Klar fragen sie mich: „Und wieso denken Sie, dass es Ihnen bei uns länger gefällt als zwei bis drei Jahre?" Bisher hatte ich immer eine ernst gemeinte und plausible Erklärung, die sie mir dann auch abgenommen und mich eingestellt haben. Bisher. Ob das weiterhin funktioniert? Vielleicht stimmt ja wirklich etwas nicht mit mir? Ich bin nun 46 Jahre und weiß immer noch nicht richtig, was mir beruflich gefällt! Vielleicht ticke ich wirklich nicht richtig. Vielleicht könnte ich lernen, Routine auszuhalten. Wenn ich mal über vier Jahre am selben Ort arbeite, vielleicht kommt dann so etwas wie Gewöhnung auf, und ich kann dann mit Routinearbeit umgehen. Also gut, ich probiere das einfach aus. Dieser Job lohnt den Versuch!

Nach dem letzten Gespräch mit Anna und der Erkenntnis, dass er vielleicht im bisherigen Job tapfer durchhalten müsste, ist ein gutes Jahr vergangen. Simon hat sich vorgenommen, die aufkommenden Ängste und seine innere Stimme zu unterdrücken. Allerdings gelingt ihm dies nur während der Woche. An den Wochenenden, insbesondere am Sonntagnachmittag, und am Ende seiner Ferien wird seine innere Stimme immer sehr laut und ruft: *Du verpasst etwas im Leben! Du lebst dein Leben nicht! Du beobachtest nur und nimmst nicht teil! Du lässt dich einengen! Wo ist deine Kreativität geblieben? Du trittst auf der Stelle und kommst nicht weiter! Du verblödest noch!* Die Folge davon sind Schlafschwierigkeiten. Allerdings nicht akut, sondern meist nur von Sonntag auf Montag, ab Montag geht es meist wieder etwas besser. An den Wochenenden gelingt es Simon gut, sich zu erholen. Allerdings wirkt er latent unzufrieden. Dennoch: Simon hält durch und experimentiert mit sich. Er will wissen, wie lange er durchhalten kann und ob sich dadurch vielleicht etwas ändert.

Nach einem weiteren Jahr ist gar nichts anders, und Simon hat immer mehr das Gefühl, auf der Stelle zu treten. Anna spricht ihn darauf an: „Simon, ich beobachte dich eine ganze Weile. Fröhlich bist du nicht gerade. Ich meine, wir sollten zusammen eine Lösung finden. Vielleicht steht bei dir ja wirklich ein Berufswechsel an. Diesmal wünsche ich mir aber, dass du es professionell angehst. Zum Beispiel mit einem Laufbahnberater. Vielleicht findest du ja mal einen Beruf, der dich für länger fesselt." Simon reagiert erleichtert: „Das ist eine gute Idee, Anna. Ich sollte dieses Thema vielleicht wirklich etwas strukturierter angehen. Ich war ja nach dem Abitur bei einer Laufbahnberaterin. Die hat mir Jura empfohlen, weil ich so vielseitig interessiert bin und in mathematischen Fächern keine guten Noten hatte. Ich weiß eigentlich gar nicht, wieso ich das Studium nicht durchgezogen habe. Im Grunde hat es mir gefallen. Etwas trocken war es schon, aber ich glaube, der Grund war eher, weil ich eigenes Geld verdienen und auf eigenen Füßen stehen wollte. Die Abhängigkeit von meinen Eltern wurde mir zu viel. Dauernd musste ich mich rechtfertigen, wofür ich mein Geld ausgebe, und musste betteln, einmal ihr Auto benutzen zu dürfen. Ja, ich glaube, das war es, damit bin ich irgendwie nicht klargekommen. Lernen tue ich ja sehr gerne, ich habe ja recht viele Aus- und Weiterbildungen gemacht. Wenn ich nur wüsste, wo bei mir der Knopf ist und wieso ich mich beruflich einfach nicht entscheiden kann."

Anna mutmaßt: „Wenn du meinst, dass du Knöpfe hast, dann solltest du vielleicht eher mit einem Psychologen sprechen als mit einem Laufbahnberater. Was meinst du?" „Ach, nein. So gestört bin ich doch nicht!" Anna lächelt: „Noch nicht, mein Lieber … Aber wenn ich so hinhöre, was du im Schlaf daherredest: ‚Nein, lassen Sie mich, nein, nicht, ich kann das nicht. Lassen Sie mich gehen, ich will hier raus!' Als Psychotante würde ich dir jetzt sagen, dass du dich eingesperrt fühlst. Du sprichst ja auch dauernd davon, eingeengt zu sein und Freiheit zu brauchen." Simon erwidert belustigt: „Anna, wenn ich im Gefängnis wäre, dann ergäbe deine Interpretation Sinn. Aber eingesperrt hat mich im Büro bisher noch kein Mensch! Ich kann kommen und gehen, wann ich will. Also wirklich, ich habe auch immer brav den Teller leer gegessen, und meine Kollegen haben mich noch nie wegen Ungehorsams in den Keller gesperrt! Doch das mit der professionellen Unterstützung wäre vielleicht wirklich gut. Und es stimmt auch, dass ich nachts viele wirre Träume habe. Teilweise sind es Albträume, aus denen ich schweißgebadet aufwache. Auch gestehe ich dir jetzt, dass ich beim Autofahren seit ungefähr einem Jahr Tunnel meide. Ich weiß nicht wieso, aber ich hatte plötzlich die Fantasie, dass ich gegen eine Tunnelwand knallen könnte. Dieser Gedanke war so stark, dass ich seither in keinen Tunnel mehr fahre. Ich finde auch, dass mit mir etwas nicht stimmt. Im Übrigen habe ich Fluchtgedanken und möchte manchmal einfach aus meinem jetzigen Leben verschwinden. So nach dem Motto: Ich gehe rasch Zigaretten holen, und als Nächstes bekommst du eine Postkarte aus irgendeinem Kaff in Hinterindien. Und du meinst, ein Psychologe sei das Richtige für mich?" Anna sagt erstaunt: „Und ob! Das wusste ich ja gar nicht mit den Tunneln und den Fluchtgedanken! Ach, darum machst du mit mir plötzlich so gerne Pass- und Überlandfahrten ins Tessin! Du meine Güte, ich finde sogar, dass es höchste Zeit ist, dass du dein Thema einmal professionell angehst! Ich stelle mir vor, wie viel mehr Zeit du brauchst, um deine Fahrtwege zurückzulegen, wenn du alle Tunnel meidest. Und du hast ja nur noch gut 50 Prozent deiner Energie! Du solltest das ändern, sonst kommst du irgendwann gar nicht mehr in die Gänge!"

Anna lernt bei einem Vortragsabend Sophia kennen. Als sie erfährt, dass Sophia Psychologin ist, schildert sie vorsichtig die Themen, die sie mit Simon besprochen hat. Sophia gibt Anna ihre Visitenkarte und meint, dass Simon doch einmal vorbeikommen könnte. Auf diese Weise gelangt Simon in die Praxis von Sophia.

„Simon, angenommen, wir hätten zusammen eine gute Sitzung gehabt, was wäre danach anders für Sie?" Simon ist im ersten Moment etwas irritiert und schweigt, weil er wider Erwarten nicht sofort über seine Probleme sprechen soll. *Die Frau hat mich jetzt aber ganz schön ausgebremst. In mir brodelt ein Vulkan, und nun komme ich nicht einmal dazu, zu sagen, worum es mir eigentlich geht. Was soll denn nach einer einzigen Stunde anders sein? Die steckt ja ganz schön hohe Ziele. Ich dachte eigentlich, Psychologen seien dafür da, dass sie sich zuerst die Probleme der Klienten geduldig anhören. Und dann hätte ich mir gewünscht, dass sie mich versteht und vielleicht etwas Mitleid hat oder so. Damit ist also nichts. Wenn ich so genau wüsste, was sich ändern sollte, dann hätte ich das ja bereits getan. Aber ich weiß es eben nicht, darum bin ich doch hierhergekommen.*

Laut sagt Simon: „Ich weiß nicht, wie eine gute Sitzung bei Ihnen aussehen würde. Ich weiß auch nicht, was sich genau ändern soll. Deshalb bin ich ja da, damit Sie mir das vielleicht sagen können.“ Sophia entgegnete darauf: „Ich meine nicht, dass sich für Sie schon nach der ersten Stunde die Welt verändert haben soll. Ich habe mehr daran gedacht, was ein erster kleiner Schritt sein könnte. So eine winzige Richtungsangabe einer minimalen Veränderung.“ Simon erleichtert: „Ach so, ich dachte schon, ich müsste Ihnen eine Lösung präsentieren.“ Sophia: „Nein, nehmen Sie sich nicht zu viel vor. Denken Sie an eine nächstmögliche, kleinste Veränderung.“ Simon, erstaunt über seine eigene Antwort: „Ich würde gern wieder durchatmen können, damit es mir leichter um den Brustbereich wäre.“ Sophia fragt weiter: „Und was machen Sie dann anderes, wenn es Ihnen leichter ist im Brustbereich und Sie wieder besser atmen können als bisher?“ Simon strahlt: „Dann fahre ich heute noch durch den Gotthard ins Tessin und besuche übers Wochenende einen Freund. Ich bin seit einem Jahr nicht mehr durch den Gotthard gefahren, weil ich dachte, ich ersticke, und dann knalle ich gegen die Tunnelwand. Über die Pässe fahren geht besser, da kann ich gut atmen. In den Bergen, so auf der Höhe geht es mir sowieso viel besser.“ Sophia: „Das kann ich mir vorstellen, dass es hoch oben befreiender ist, und viele von uns können dort besser atmen, weil sie sich freier fühlen. Viele Leute behaupten auch, ihnen tue der Überblick gut." Simon setzt hinzu: „Überblick! Genau, den habe ich verloren. Ich hänge in meinem Job fest. Das fühlt sich auch an wie in einem Tunnel. Ausweglos, erstickend, zermürbend, eng. Mein Leben im Job gleicht einer Einbahnstraße ohne Ausgang. Ich bin nur noch dort, weil ich mir vorgenommen habe, dass ich wenigstens *einen* Job mal länger als zwei oder drei Jahre aushalten muss."

Sophia unterbricht Simon mit einer knappen Frage: „Denn sonst?" Simon antwortet konzentriert: „Sonst denken alle, dass ich sprunghaft bin und einfach nicht weiß, was ich beruflich will." Sophia fährt behutsam fort: „Und Standhaftigkeit oder Beständigkeit ist in Ihren Augen eine erstrebenswerte Tugend?" Simon antwortet verwirrt: „Nein, Beständigkeit finde ich langweilig. Das klingt nach immer Demselben. Bei dem Wort merke ich, wie mir der Atem stockt!" „Dann verstehe ich nicht", sagt Sophia, „woran Sie erkennen, dass Sie ausgerechnet im Beruf Beständigkeit suchen?" Simon etwas zögerlich: „Ja, weil doch alle Welt sagt, man müsse mit 48 Jahren doch wissen, was man im Leben will!" Sophia lächelte und meint: „Ja, *man* vielleicht. Doch Sie sind möglicherweise anders. Sehen Sie, Sie haben ein breites Spektrum an Erfahrungen. Wäre es nicht möglich, dass Sie gerade diese breite Erfahrung als nützlich und gewinnbringend erachten?" Simon denkt lange nach und sagt: „Sie meinen, dieser Zickzackweg könnte auch eine Ressource, eine Lebensphilosophie sein? Ich könnte meinen Weg also durchaus in einem positiven Licht sehen?" Sophia: „Ja, das wäre doch auch eine mögliche Betrachtungsweise." „Das würde also bedeuten", fährt Simon fort, „dass ich mir gar nichts Beständiges suche, sondern dass mein Weg gerade im Jobwechsel liegt, weil ich möglichst viele Erfahrungen im Leben machen will?“ Sophia antwortet, indem sie fragt: „Wenn Sie das so sagen, ergibt das für Sie irgendeinen Sinn?“ Simon sagt rasch: „Absolut! Nur habe ich mir das so noch gar nie überlegt!“

Nach der Sitzung fährt Simon tatsächlich ins Tessin zu seinen Freunden. Er nimmt die San-Bernardino-Route, weil er sich den langen Tunnel durch den Gotthard noch nicht zutraut. Auf der Passhöhe hält er seinen Wagen an, steigt aus und atmet durch. *Mein Atem geht schon wieder tiefer und leichter. Es hat sich äußerlich noch nichts verändert, und ich fühle mich schon viel besser! Schon verrückt. Da kämpfe ich jahrelang mit meiner Sprunghaftigkeit, sehe sie als Schwäche an, und plötzlich erkenne ich sie als Fähigkeit, als gewinnbringende Eigenschaft in mir. Ich habe jahrelang etwas in mir bekämpft, anstatt etwas daraus zu machen. Ich habe die Erfahrung als Reiseleiter, Lehrer, Bankkundenberater und Bundesbeamter. In allen Jobs fühlte ich mich nicht lebendig. Ich hatte jeweils einen Beobachter in mir, der mir sagte, mach das ruhig. Mach es ein paar Jahre, und dann gehe weiter. Binde dich nicht, integriere dich nicht, dann kannst du jederzeit loslassen. Darum ist mir der Wechsel auch nie schwergefallen, obwohl ich meine Kollegen gemocht habe. Wenn ich mir das so überlege, dann habe ich in allen Jobs nur beobachtet und einfach möglichst viel lernen wollen. Ich habe mich für jedes erdenkliche Projekt gemeldet, damit ich Abwechslung und ein neues Lernumfeld habe. Die Beförderung und das damit verbundene Image und der höhere Lohn, das ist mir nie wichtig genug gewesen. Ich habe mich zwar geärgert, vor allem bei der Bank, dass sie mich nicht rascher befördert haben. Denn ich fand, dass ich sehr effizient gearbeitet habe, ich habe schwierige Projekte erfolgreich abgeschlossen. Für eine Beförderung hätte ich jedoch länger in einer Abteilung bleiben müssen. Man muss auch eine Zeit lang absitzen können. Und man hätte wohl auch nicht so offenkundig seine Meinung äußern sollen … Ja, das war vermutlich ein weiterer Grund.*

Meine Vorgesetzten haben mich wie eine heiße Kartoffel behandelt, weil ich die von ihnen fehlerhaft und chaotisch geführten Projekte kurzerhand übernommen, zu einem einzigen erfolgreich geführten Projekt zusammengefasst und dieses zu Ende gebracht habe. Manchmal denke ich, die wollten das gar nicht. Die wollten die Projekte möglichst lange hinauszögern, damit sie eine Spielwiese haben, auf der sie sich möglichst lange tummeln können, ohne wirklich etwas entscheiden zu müssen. Deren Spiele habe ich nie begriffen. Dann bin ich gegangen, weil ich soweit alles gesehen und gelernt habe, was man so Nützliches lernen kann. Auch am jetzigen Arbeitsplatz: Die Kollegen sind freundlich und offen. Doch diese Ineffizienz nervt mich. Ich sehe so viele Möglichkeiten, wie ich die Dinge anders und einfacher organisieren könnte. Die könnten eine Menge Geld einsparen! Ans Geld scheint aber niemand zu denken. Ist auch irgendwie logisch, ein Staat kann kaum Pleite gehen!

Wenn ich von hier oben so ins Tal blicke und mir vorstelle, da unten sind verstreut alle meine bisherigen Jobs, dann suche ich die Verbindungslinie. Es kann doch nicht purer Zufall sein, dass ich gerade genau diese Jobs ausgewählt habe. Was verbindet einen Reiseleiter, einen Lehrer, einen Bank- und einen Bundesangestellten? Den Zimmermann lasse ich beiseite, das war eine Auszeit. Ich wollte einfach mal komplett etwas anderes sehen. Diese handwerkliche Fertigkeit bringt mir allerdings viel Lob bei meinen Freunden im Tessin ein, weil ich an ihrem Rustico viel selbst gestaltet habe, was als Hobby ja auch eine tolle Sache ist.

Simon denkt bei seinen Freunden länger über seine Arbeit als Zimmermann nach, als er vorgehabt hat. Natürlich hat ihn der Umbau des Rusticos, bei dem er aktiv mitgeholfen hat, befriedigt. Ihm ist bei der Gelegenheit auch klargeworden, dass er sich neben der Arbeit wieder ein Hobby zulegen könnte, um einen guten Ausgleich zu haben. Auf der Rückfahrt, er wählt den Weg in Richtung Lukmanierpass, sieht er eine Tafel, auf welcher der Verkauf eines Rusticos angeboten wird. Später wird er erklären, ein Geistesblitz habe ihn getroffen, als er die Nummer auf der Verkaufstafel in sein Handy eingegeben hat. Noch am selben Tag schließt er einen provisorischen Kaufvertrag mit den Eigentümern ab und fährt, weil es nun sehr spät geworden ist, die Route durch die Gotthardröhre.

Jetzt ist bei mir endlich wieder etwas in Bewegung geraten, und ich kann wieder in einem Tunnel fahren. In einem *Tunnel ist gut, ich bin gerade fröhlich pfeifend durch die Gotthardröhre gedonnert! Irgendeiner Änderung hat es bedurft. Irgendetwas anreißen, ein Projekt, das war es, was ich gebraucht habe. Ich lebe in der Freizeit den Zimmermannberuf aus, wer hätte das gedacht! Nun kann ich mir, während ich das Rustico aufbaue, in Ruhe überlegen, was ich sonst noch im Leben anstellen will. Jetzt kann ich mir Zeit lassen mit dem Beruf. Ich werde meinen Beruf irgendwann wechseln, ich werde dieses Thema mit Sophia in aller Ruhe besprechen und den Wechsel diesmal langsamer angehen als sonst.*

Simons Leistungsfähigkeit hat sich mit dem Kauf des Rusticos deutlich gesteigert. Er lebt seinen Beruf im Moment nebenbei und misst ihm keine größere Bedeutung zu. Er zeichnet Pläne, fährt in seiner Freizeit, sooft er nur kann, ins Tessin und organisiert den Umbau. Da und dort legt er, wie in alten Zeiten, selbst Hand an. Anna verfolgt diese Entwicklung mit großer Zuversicht. Auch sie nimmt Anteil am neuen Projekt und bleibt öfters übers Wochenende bei den gemeinsamen Freunden im Tessin, während Simon an seinem Rustico arbeitet.

Simon bespricht sich regelmäßig mit Sophia. In einigen wenigen Sitzungen ist im klargeworden, dass er Organisationstalent besitzt, sich rasch in neue Situationen einarbeiten und sicher und zügig Entscheidungen treffen kann, sich gerne Wissen aneignet und auch gerne vermittelt. An sämtlichen Arbeitsstellen hat er sich als Projektleiter oder Ausbilder gemeldet und diese Jobs mit Begeisterung ausgeübt. Kaum war ein Projekt abgeschlossen, hat er sich ein neues gesucht. Simon liebt Entwicklung, er lernt gerne, er ist bestrebt, Neues zu entwickeln, eine Sache vorwärtszubringen und zu lernen und zu lehren. Außerdem gewinnt er die Erkenntnis, dass er es sehr bereut, sein Jurastudium abgebrochen zu haben.

Anna und Simon haben derzeit viel zu diskutieren. Simon ist sich bewusst, dass er Unabhängigkeit braucht, Bewegungsfreiheit und Entscheidungsspielraum, damit er sich entfalten und entwickeln kann. Routinearbeiten kann er nicht ausstehen, sie hindern ihn an der Weiterentwicklung, was er als äußerst belastend erlebt. In ihm wächst der Wunsch, das Jurastudium wieder aufzunehmen. Anna meint, er hätte ja genügend Geld verdient, um es sich leisten zu können, sie würde einfach für den Lebensunterhalt aufkommen. Mit diesem Vorschlag ringt Simon. „Ich weiß nicht, Anna, du kommst für meinen Lebensunterhalt auf. Das ist ja, als müsste ich in Mutters Schoß zurückkehren!" Anna schmunzelte und sagt: „Na ja, du darfst jederzeit, ohne zu fragen, mein Auto haben … und ich werde dir auch nicht vorrechnen, wie viel du mich kostest!" „Du weißt, Anna, dass ich das fast nicht annehmen kann. Das widerspricht meiner Einstellung zutiefst", führt Simon aus. „Ich weiß doch", sagt Anna, „aber überleg mal, vielleicht möchte ich später auch eine Ausbildung machen, und dann tauschen wir die Rollen. Ich finde, das Vertrauen, das zwischen uns in all den Jahren entstanden ist, sollte es uns möglich machen, anders über gegenseitige Abhängigkeit zu denken." Simon antwortet in Gedanken versunken: „Ich habe Freiheit nie mit Misstrauen gegenüber einem anderen Menschen in Verbindung gebracht. Wenn ich mich in finanzielle Abhängigkeit von dir begebe, dann ist das aber tatsächlich ein Zeichen großen Vertrauens. Ich vertraue darauf, dass du mir später nicht vorhalten wirst, was du für mich getan hast." Anna fügt belustigt hinzu: „Schließlich haben wir keine Kinder und müssen also auch kein Leben führen, als ob wir welche hätten. Wir können unser Leben gestalten, wie wir es für richtig halten. Darin sind wir völlig frei und können es uns auch gut leisten. Im Übrigen wollte ich immer mal schon einen Juristen zum Partner haben, das finde ich sexy!" Simon atmet durch und meint: „Anna, du liegst wirklich richtig mit deinen Überlegungen. Ich könnte es nicht besser formulieren! Gut, ich werde mich an der Universität für Jura einschreiben. Ich habe im Stillen mit diesem Gedanken lange gerungen und jetzt habe ich ihn laut ausgesprochen. Und er klingt in meinen Ohren richtig gut!"

Simon kann seine Berufstätigkeit auf 30 Prozent reduzieren und studiert daneben Jura. Sein Rustico ist auch für Lernzwecke ideal und gibt ihm viel Kraft.

Einige Jahre danach und nach Abschluss des Studiums arbeitet Simon immer noch im selben Job. Schließlich wird er zum Abteilungsleiter befördert. In dieser Position hat er die nötige Gestaltungsfreiheit, sein Organisationstalent kann er einsetzen, er nimmt zeitweilig auch Ausbildungsfunktionen wahr und engagiert sich in verschiedenen Projekten. Die Verschiedenartigkeit der Tätigkeitsbereiche, die große Entscheidungsfreiheit und Gestaltungsmöglichkeit seines Bereichs befriedigen Simon so, dass er jahrelang mit seiner Stelle zufrieden ist. Zudem scheint sein Bildungshunger aufgrund des nachgeholten Jurastudiums auf längere Sicht gestillt zu sein.

Eines Sonntagmorgens sagt Simon zu Anna lachend über die Sonntagszeitung hinweg: „Mensch Anna, bin ich in den letzten zehn Jahren doch einen Weg gegangen, findest du nicht? Jetzt kommen wir endlich zur Ruhe. Ich bin nun 58 Jahre alt und werde schon altersbedingt wohl kaum noch eine neue Stelle bekommen … Es gäbe allerdings noch die Möglichkeit, dass ich mich selbständig mache … Diese Diskussion hatten wir bisher noch nicht!" Anna grinst und verdreht die Augen: „Du möchtest doch nicht etwa kündigen?"

Psychologischer Hintergrund der Geschichte

Simon ist ein Erkenntnistyp und hat Angst, still zu stehen und sich nicht weiterentwickeln zu können. Er ist demzufolge breit interessiert und sucht sich viele verschiedene

Entwicklungsfelder. Karrierebrüche sind deshalb durchaus typisch für Erkenntnistypen. Viele von ihnen haben deshalb das Gefühl, sie seien unstet, und andere Menschen sagen oft über sie, dass sie sich verzetteln und nicht wissen, was sie wirklich wollen. Beständigkeit im Beruf wurde bisher als Tugend angesehen, wobei diese Ansicht in der heutigen Zeit der Globalisierung etwas relativiert wurde. Dennoch erwarten viele, dass der Karriereverlauf einer Person eher geradlinig und in sich logisch ist. Erkenntnistypen haben jedoch nicht selten eine psycho-logische Karriereentwicklung. Sie selbst sehen oft erst auf den zweiten Blick, was das verbindende Element ihrer unterschiedlichen Berufe ist. Zwingen sich Erkenntnistypen, wie es Simon zunächst versucht hat, auf der Stelle zu treten und Routine auszuhalten, führt dies oft zu einer Handlungsblockade und mündet in einen inneren Konflikt und einer Leistungskrise. Simon träumt schlecht, hat Angstzustände, und seine Stimmung verschlechtert sich kontinuierlich.

Glücklicherweise hat er mit Anna eine typverwandte Partnerin an seiner Seite. Ein anderer Charaktertypus wäre vermutlich mit Simons hohen Leistungsanforderungen, seinem hohen Autonomiebedürfnis und seinem unruhigen Geist überfordert gewesen. Anna weiß jedoch die Vorteile, die ein solches Leben voller Freiheiten und Abwechslung bringt, zu würdigen und kann mit vielen daraus entstehenden Unsicherheiten gut umgehen.

Die Entscheidung, keine Kinder zu haben, passt in dieses Lebenskonzept und wird von Außenstehenden nicht selten als egoistisch angesehen. Kinder brauchen in den frühen Jahren aber Routine und Sicherheit. Stark ausgeprägte Erkenntnistypen können das aber nur unter äußerst großer

Anstrengung bieten. Vielleicht ist es deshalb tatsächlich nützlicher, wenn sie sich gegenüber ehrlich sind und auf Kinder verzichten. Somit verwundert es auch nicht, dass Simon und Anna es mit Gelassenheit hinnehmen, dass sie keine Kinder bekommen können.

Für Erkenntnistypen ist es wichtig, dass sie ihre verschiedenen Fähigkeiten nicht als Mangel, sondern als Ressource ansehen. Sie sollten ihr rasches Tempo und ihre Lust an neuen Erfahrungen als etwas Positives verstehen. Simon hat dadurch seine Handlungsblockade überwinden können. Er hat gelernt, seine unterschiedlichen Erfahrungen zu bündeln, und neben einem geeigneten Beruf ein abwechslungsreiches Hobby gefunden.

3.2 Freie Fahrt durch das Leben

„Lass nur, ich mach das für dich!", sagt Vera eifrig und nimmt Robert den Stapel Papier ab. „Mir geht das leicht von der Hand", fügt sie lächelnd und fast entschuldigend hinzu. Robert zuckt mit den Schultern: „Wie du meinst, Vera. Ich hätte da auch noch ein paar andere Dinge, die ich nicht so richtig verstehe. Da ist noch eine komplexe Geschichte mit einem Spezialvertrag über große Immobilienkomplexe." „Ja, ja, leg es mir hin, ich studiere die Unterlagen. Ich kriege das schon hin. Ich habe mich immer schon für solche anspruchsvollen Vertragswerke interessiert! Kein Problem also."

Als Vera an diesem sommerlichen Abend das Hauptgebäude der Anwaltskanzlei verlässt, ist es bereits dunkel geworden. Veras Lebenspartner, Till, sitzt mit seinem erwachsenen Sohn bereits beim Abendessen, als Vera hereinstürmt und ruft: „Ich bin gleich bei euch!" Die beiden Männer blicken sich lächelnd an und diskutieren unbeirrt weiter. Denn was jetzt kommt, ist bekannt. Es vergeht eine weitere Stunde, bis Vera sich geistesabwesend zu ihnen an den Tisch setzt und ins Leere starrt. „Mir ist eben noch in den Sinn gekommen, wie man dieses Problem mit der Großüberbauung vertraglich noch besser lösen könnte, und das musste ich unbedingt heute noch niederschreiben", sagt sie zur Entschuldigung. Dann stochert sie gedankenversunken in ihrem Essen herum und starrt ihre zwei Männer, ohne sie wirklich wahrzunehmen, an. Till grinst, fuchtelt mit der Hand vor ihrem Gesicht herum und sagt: „Hallo Erde, wir sind's! Könntest du bitte landen?" „Wie bitte? Ach, entschuldigt, ich bin noch ganz in diesem Vertragswerk gefangen. Man könnte das Problem noch eleganter lösen. Es gibt da einen Bundesgerichtsentscheid … ja, das könnte passender sein, als was ich eben geschrieben habe. Ich glaube, ich setze mich heute noch dahinter."

Till schüttelt den Kopf: „Vera, es ist halb elf. Du hast kaum etwas gegessen und keiner von uns hat sich nur eine Silbe mit dir unterhalten können. Du erzählst mir von Dingen, die ich als Arzt nicht wirklich verstehen kann. Wir sind auch nur Menschen, und Janik hat sich heute beim Sport verletzt. Vielleicht möchtest du ja wissen, wie es ihm geht?" Vera antwortet etwas verlegen: „Oh, entschuldige, das habe ich nicht mitbekommen. Wie geht es dir, Janik?" Janik rollt mit den Augen: „Vera, ich lebe noch, das siehst du ja! Ich kann auch schon wieder feste Nahrung zu mir nehmen. Wir haben ja zum Glück den Arzt im Haus, der hat eine Verstauchung am Knöchel diagnostiziert. Und ja, ich habe beschlossen, mich mit einem Freund selbständig zu machen.“ Vera, immer noch etwas in ihrer Welt gefangen: „Selbständig machen, ja das finde ich gut. Hoffentlich klappt das zwischen euch. Mach ihm bloß nicht die ganze Arbeit!“ Janik schüttelt den Kopf: „Willst du eigentlich nicht wissen, dass ich mich mit meinem Freund, dem Biologen, Fred selbständig machen will? Und interessiert dich denn unser Geschäftsmodell überhaupt nicht?“ Vera antwortet leicht zappelig: „Ja, natürlich! Ist es denn schon spruchreif? Oder müsst ihr noch etwas darüber brüten, bevor ihr sagen könnt, worum es geht?“ Janik atmet tief durch: „Es ist in Ordnung Vera, ich sehe schon, dass es dich nicht interessiert. Ich brüte noch etwas darüber, und dann teile ich dir das Ergebnis mit. Ich dachte einfach, ich könnte von einem klugen Kopf, wie dir, Input bekommen.“ Vera legt die Gabel beiseite und sagt: „Janik, wenn du Input willst, musst du mir das sagen. Dann brauche ich ein schriftliches Konzept mit einer klaren Zielsetzung, einem Maßnahmenplan und Budget. Ein Businesskonzept, nennt man das. Darauf basierend kann ich dir selbstverständlich fundiert Input geben.“ „Typisch Vera!“, sagen beiden Männer wie aus einem Munde, „ein Businessplan muss her!“ „Ja, wie könnte ich sonst etwas Substanzielles beitragen? Ihr Männer, ihr seid so oberflächlich! Ich kann doch keine Aussage machen, wenn ihr mir nicht darlegen könnt, worum es eigentlich geht. So hopp, hopp macht man sich nicht selbständig. Da muss man genau überlegen, ausrechnen, den Markt analysieren, und vor allem muss man sorgfältig hinsehen, mit welchen Leuten man das macht. Neun von zehn jungen Unternehmen gehen in den ersten drei Jahren ein. Wenn ein solches Projekt bestehen soll, dann muss es einfach Hand und Fuß haben. Das bespricht man nicht so leicht beim Abendessen, um halb elf! Wir werden einen Termin abmachen, du bringst alle nötigen Unterlagen mit, und dann gehen wir die Sache durch. Am besten, du bringst deinen Freund gleich mit." Till winkt ab mit den Worten: „Das finde ich nun etwas kompliziert. Wir wollten ja nur mal eine grobe Einschätzung von dir haben. Und was ein Businessplan ist, das weiß Janik sehr wohl!" „Tut mir leid Till, aber eine Meinung kann ich mir erst anhand von Fakten bilden! Janik ist Betriebswirt, und sein Freund Biologe. Wo sind hier die Gemeinsamkeiten? Das muss mir einer erst erklären! Als Betriebswirt müsste er wissen, was es heißt, sich selbständig zu machen. Der Biologe hat davon vermutlich keine Ahnung. Ich kann mir nicht wegen jeder Idee den Kopf zerbrechen, ich brauche fundierte Unterlagen. Dann brauchen wir rund zwei bis drei Stunden Zeit, um alles durchzusprechen und weiterzuarbeiten. Heute Abend haben wir weder die Zeit noch genügend Material, und auch der Freund gehört an diesen Tisch. Sonst mache ich mir viele Gedanken, die am Schluss zu nichts führen, und diese Energie habe ich einfach nicht."

Janik sieht das Gespräch an diesem Punkt für beendet an und meint: „Vera, etwas mehr Leichtigkeit und Lockerheit im Leben könnte dir nicht schaden! Ich wollte eigentlich nur ein bisschen diskutieren und Ideen sammeln, weiter nichts. So im Sinne eines Small Talks. Aber das liegt dir einfach nicht. Jedes Gespräch führt in die tiefsten Tiefen der Materie, so tief will ich im Moment aber noch gar nicht blicken. Aber bitte, wenn du dich an meinem Denkprozess nicht beteiligen willst, wirst du irgendwann meine Entscheidung erfahren. Wenn es soweit ist, werde ich dir eine

Postkarte mit drei Sätzen schicken: ‚Firmengründung erfolgt. Firmenziele sind vereinfachte biologische Testverfahren zur Erkennung von spezifischen Krebserkrankungen. Fliege gerade nach Boston zu Sponsorentreff. Janik.‘ Die kannst du dir dann an deinen PC im Büro hängen und darauf schreiben: ‚Janik ist ein mutiger Visionär, und ich drehe mich ängstlich im Hamsterrad am Boden!‘ Bis du ein Konzept erarbeitet hast, das hieb- und stichfest ist, haben andere Forscher uns schon lange überholt, und wir streben flott auf das nächste Jahrhundert zu!“ Mit diesen Worten verabschiedet sich Janik und zieht sich in seine eigene Wohnung, die er mit seinen Studienfreunden teilt, zurück.

Fragend blickt Vera zu Till: „Ich verstehe das nicht. So macht man einfach kein Business! Das ist zu riskant!“ Till fasst Vera am Arm und meint: „Ja, Vera, das Leben an sich ist riskant. Es gibt Menschen, dazu gehört offenbar auch Janik, die mit mehr Risiken leben können als du. Sie benötigen weniger Sicherheit und denken in größeren Linien. Er soll den Versuch wagen und sehen, ob seine Methoden funktionieren. Daraus kann er lernen und Erfahrungen sammeln, die er dann beim nächsten Versuch einfließen lassen kann.“ Vera unterbricht ihn energisch: „Einfach darauf losrennen und gegen eine Wand fahren? Das hat nichts mit Mut zu tun, das ist reine Dummheit! Es gibt auch bei eingehender Planung immer noch genügend Risiken, die man nicht berechnen kann. Aber jene, die sich berechnen lassen, soll man auch berechnen. Alles andere ist nun wirklich fahrlässig und lässt sich nur mit seinem jugendlichen Übermut begründen. Statistisch gesehen kann das, was er vorhat, gar nicht funktionieren!“ „Ich bin Arzt, Vera“, entgegnet Till ruhig, „ich kenne mich mit statistischen Berechnungen aus. Oft verschreiben wir zur Vorbeugung von Krankheiten Medikamente, nur weil das statistisch gesehen sinnvoll ist. Das hat zur Folge, dass wir viel zu häufig Medikamente verschreiben. Verschreiben wir sie nicht, dann gehen wir das Risiko ein, dass der Patient tatsächlich erkrankt, und wir sind juristisch gesehen schuld. Andererseits schlucken tausende von Patienten viel zu viele Pillen, die wahrscheinlich im Einzelfall gar nicht nötig wären. Nur statistisch gesehen ist es eben sinnvoll, und weil niemand ein Risiko tragen will, werden Pillen geschluckt. Ich finde, wir sollten wieder lernen, Risiken zu tragen und damit zu leben. Wir sollten den Einzelfall wieder mehr berücksichtigen und darauf vertrauen, dass dieser sich vielleicht eben gerade nicht nach statistischen Annahmen verhält! Janik hat Ideen, er ist kreativ, sozial kompetent, vielfältig interessiert und jung. Er kennt seinen Freund seit der Grundschule. Der ist viel ruhiger als Janik, zudem hochintelligent und fleißig. Sie passen gut zusammen. Sie sollen, was immer sie vorhaben, ausprobieren. Ist doch gut, wenn junge Leute mutig sind und neue Wege gehen!" Vera ist in Gedanken wieder bei ihrem komplexen Vertragswerk und meint deshalb kurz angebunden: „Ja, dann warte ich eben auf seine Postkarte. Im Übrigen setze ich mich nochmals hinter die Bücher, ich will einfach heute noch herausfinden, ob ich eine perfekte Lösung für diesen Vertrag finden kann." Till sieht ihr kopfschüttelnd hinterher: „Ach Vera, Janik hat schon fast recht mit dem Hamsterrad. Du drehst dich und drehst dich und drehst dich. Es ist aber kein Hamsterrad, sondern wohl schon eher eine Spirale in die tiefsten Tiefen der Jurisprudenz!" „Ich bleibe tatsächlich lieber auf dem Boden des Machbaren", sagt sie im Weggehen.

Als Vera morgens um halb sieben im Büro sitzt, türmen sich die Anfragen auf ihrem Schreibtisch. Kurz denkt sie daran, ein paar davon an Robert, ihren juristischen Mitarbeiter, abzugeben, verwirft den Gedanken aber rasch wieder. *Wenn ich diese Anfragen selbst erledige, geht es schneller. Ich weiß in so vielen Bereichen so gut Bescheid. Bis er nur in den juristischen Zeitschriften und Büchern nachgesehen hat, bin ich schon längst um vier Anfragen weiter und habe die Arbeit mit Sicherheit besser erledigt. Seine Berichte müsste ich zudem alle durchlesen und korrigieren, da ist es effizienter, ich bearbeite alle Fragen gerade selbst.*

Als Robert um 8 Uhr ins Büro kommt, schaut er kurz bei Vera hinein und findet sie vertieft ins Aktenstudium. „Guten Morgen, Vera, kann ich dich etwas fragen?" „Ja, klar, komm nur, Robert." Robert steht mit seinen wenigen rechtlichen Gutachten etwas verlegen da und meint: „Du siehst nicht aus, als ob du wirklich Zeit hättest." „Doch. Oder dauert es lange? Schieß los!" Robert bespricht mit Vera wie jeden Morgen seine Aufträge. Vera erklärt ihm haargenau, was er zu tun hat. Robert bleibt nichts anderes übrig, als diese Anweisungen exakt zu befolgen, denn sonst muss er mit Sicherheit den ganzen Bericht noch ein zweites Mal schreiben. Er ist über diese enge Führung von Vera zwar etwas frustriert, doch angesichts des Jahresgehalts und der nicht mehr großartigen beruflichen Aussichten in seinem Alter von Mitte fünfzig findet er sich damit ab. Schließlich hat er dafür einen geregelten Tagesablauf und recht viel freie Zeit, um seine Hobbys zu pflegen. Allerdings verfolgt er Veras stetig anwachsendes Pflichtbewusstsein, die rigide Sachorientiertheit und den Perfektionismus auch mit gewisser Sorge. Als er Veras Büro verlässt, denkt sich Robert:

Irgendwann könnte sie mich ja auch fragen, wie es mir geht. Sie könnte sich für mein Hobby interessieren, oder dafür, ob ich gut geschlafen habe, oder zumindest hin und wieder über etwas anderes als über Verträge sprechen. Es kommt äußerst selten vor, dass sie sagt: „Guten Morgen, Robert!" Meistens vergisst sie das vor lauter Paragraphen und Artikel. Da frage ich mich schon manchmal, was sie wohl für eine Kinderstube gehabt hat. Eine gemeinsame Kaffeepause? Das gibt es nur bei einem Jubiläum oder an Weihnachten. Und auch nur, wenn ich mit dem Zaunpfahl winke und sie darauf hinweise. Ich glaube nicht, dass sie menschenscheu ist, sie interessiert sich einfach nicht für die menschliche Seite ihres Umfeldes. Small Talk ist definitiv nicht ihr Ding! Und jemandem ein Kompliment zu machen, das ebenfalls nicht! Ich bekomme ja meinen Lohn am Ende des Monats, das ist wohl Lob genug! Vera ist eine knochentrockene Person! Hätte ich meine Hobbys nicht und würde das monatliche Gehalt nicht stimmen, ich würde keinen Tag länger mit ihr verbringen wollen.

Auch diese gehetzte Art, die sie bei den morgendlichen Sitzungen hat! Kein Satz darf zu viel gesprochen werden, sonst trommelt sie mit den Fingernägeln auf den Tisch, lehnt sich zurück und schielt zu ihren Akten. Alles muss rasch gehen. Bleibe ich länger als zehn Minuten in ihrem Büro, dann muss meine Frage von einer großen Komplexität sein, oder sie gibt mir unmissverständlich zu verstehen, dass ich nun gehen soll. Manchmal denke ich, sie nimmt mich gar nicht wahr. Nimmt sie überhaupt ein menschliches Wesen wahr? Da kann ich von drei Wochen Ferien zurückkommen, und sie nimmt mich zur Kenntnis, als wenn ich gar nicht weggewesen wäre. Kein „Wie war denn dein Urlaub, Robert?". Ich wette, sie weiß weder, wo ich war, noch, was ich in meiner Freizeit tue oder welche be-

sonderen Fähigkeiten ich habe. Ich bin einfach ihr juristischer Mitarbeiter und habe ihre Anfragen möglichst sogfältig und binnen kürzester Zeit – besser gestern als heute – zu erledigen.

Fehler? Meine Fehler korrigiert sie, und mit einem Lächeln gibt sie mir die vollständig überarbeitete Fassung zurück mit den Worten: „Ich habe nur ein paar kleine Änderungen vorgenommen …" Ein paar kleine Änderungen, das will heißen, sie hat alles bis zur Unkenntlichkeit umgeschrieben. Auf der anderen Seite muss ich zugeben, dass sie mir meine sogenannten Fehler nicht anlastet. Für mich heißt das, dass ich die Fälle nur grob bearbeite. Sonderlich bemühen muss ich mich wirklich nicht, denn ich habe immer die Gewissheit, dass sie es anschließend schon richtig macht. Somit arbeite ich in einem anerkannten Anwaltsbüro, das saubere Arbeit leistet, angesehen ist bei den Richtern, und ich trage sozusagen kein Risiko, je wegen mangelhafter Arbeit einen Fall zu verlieren. Und ich leide – ganz im Gegensatz zu meinen Kollegen in anderen Büros – nicht unter Überarbeitung. Ich hoffe einfach, Vera bricht nicht irgendwann zusammen bei diesem Tempo, das sie vorgibt. Das würde meine Ruhe empfindlich stören …

Was Janik, Till und auch Robert spüren, aber nicht verhindern können, stellt sich ein gutes Jahr später ein. Vera muss immer mehr Energie aufwenden, um ihr vorgegebenes Tempo zu halten. Sie arbeitet länger und neuerdings auch an den Sonntagen. Für Ferien reicht die Zeit kaum und wenn, dann allenfalls für Kurztrips, von denen sie jedoch nicht erholt zurückkehrt. Ihr Schlaf ist nur von kurzer Dauer. Sie erwacht meist schon morgens um 4 Uhr. Ihre Gedanken beginnen, sich im Kreis zu drehen, und sie beschließt, dass es wohl besser sei, zu arbeiten, als sich im Bett zu wälzen. Mit wachsender Sorge beobachtet Robert, dass E-Mails von Vera morgens um halb sechs versendet werden.

Das dauert jetzt schon über ein halbes Jahr, dass Vera um 22 Uhr das Büro verlässt und morgens oft schon vor 6 Uhr im Büro erscheint. Das kann in meinen Augen nicht gutgehen. Die Mailinhalte sind oft ziemlich verworren. Ihre sonst klare Sprache ist kompliziert und lückenhaft. Die Schachtelsätze nehmen zu. Ein einzelner Satz zieht sich oft über mehr als eine halbe Seite. Auf mein „Guten Morgen, Vera", um viertel nach acht, reagiert sie sauer: „Was guten Morgen? Wir haben ja bald Mittag!" Gestern hat sie mir meine Unterlagen auf den Tisch geknallt und gemeint: „Robert, dieser Text ist fehlerhaft, korrigiere das bitte!" Da ist nichts mehr mit dem entschuldigenden Lächeln und Umschreiben meines Textes. Sie sprüht Gift und Galle!

Auch an Till geht die Veränderung von Vera nicht spurlos vorbei. Die Versuche, Vera zu Ferien und einer Auszeit zu ermuntern, sind bisher erfolglos verlaufen. Till versucht zunächst, ihr gut zuzureden, und bittet um Einsicht, dann reagiert er aufgebracht und schließlich geht er achselzuckend seine eigenen Wege und zieht aus dem unruhigen Schlafzimmer ins Gästezimmer.

Vera hingegen ist überzeugt, dass es sich nur um eine hektische Phase handelt und sich sehr bald alles wieder normalisieren wird. Sie denkt, dass sie auf jeden Fall genügend Energie aufbringen kann, um ihr hohes Tempo zu halten. Sie gibt nicht auf und ringt um Perfektion bei der Fallbearbeitung. Ihr guter Ruf darf nicht leiden, im Gegenteil, er soll noch besser werden! Ihr Ziel ist es, die herausragende und renommierteste Anwältin für komplexe Vertragssysteme am Immobilienmarkt europaweit, wenn nicht sogar weltweit, zu werden. Dazu braucht es nicht mehr viel, einige große Fische hat sie schon an Land gezogen, was mit ihren kaum vierzig Jahren in Fachkreisen bereits große Beachtung findet. Gelingt es ihr, diese Sparte auszubauen, würde es nicht mehr lange dauern, bis die besten Juristen mit ihr zusammenarbeiten wollen. Dann wäre sie zum einen etwas entlastet, und zum anderen wären die Akquisitionsmöglichkeiten viel besser.

Ich werde das schaffen! Wo ein Wille ist, ist auch ein Weg! Mit großer Anstrengung und Kraft habe ich meine Ziele bisher immer erreicht. Also werde ich jetzt nicht aufgeben, sondern mich weiter durchbeißen. Meine Kraft reicht noch für diese beiden Großprojekte, danach kommt keine größere Immobiliengesellschaft mehr an mir vorbei. Sie werden mich wahrnehmen müssen. Es wird klappen, da bin ich mir sicher! Ich will und kann keine „Dorfanwältin" sein. Das wäre definitiv zu öde und langweilig. Ich brauche die Herausforderung. Ich will Verträge aufsetzen, in die ich mich so richtig vertiefen und einarbeiten kann. Ich will verstehen, was ich mache. Ich will ein Zeichen setzen und meine Brillanz testen. Es geht mir nicht um Ruhm und Anerkennung. Ich will im Grunde nur mit mir zufrieden sein. Ich will mir einfach beweisen, dass mein Geist komplexe Aufgaben bewerkstelligen kann. Dafür brauche ich kein Lob, es reicht mir, wenn ich ganz für mich allein stolz auf mein Werk sein kann.

Am nächsten Morgen geht Vera wie inzwischen üblich um 5 Uhr aus dem Haus. Als sie vor ihrem Büro steht, erstarrt sie. Es gelingt ihr auch unter größter Willensanstrengung nicht, den Schlüssel ins Schlüsselloch zu stecken. Ihre Hände zittern. Sie probiert es wieder und wieder. Ihr fehlt einfach die Kraft. Auch der Satz „Reiß dich zusammen,

Vera!“, den sie mehrfach zu sich selbst sagt, nützt nichts. Dann zittert Vera am ganzen Leib, Panik überkommt sie: *Mein Körper gehorcht mir nicht mehr! Was ist mit mir los? Ich kann die Tür nicht öffnen. So eine Banalität, wie eine Tür zu öffnen, ist zu anstrengend? Das gibt's nicht! Jetzt zittern auch meine Beine, ich verliere langsam den Verstand, mein Atem geht hastig und hat einen unregelmäßigen Rhythmus. Der kalte Schweiß steht mir auf der Stirn und klebt an den Händen. Werde ich wahnsinnig? Drehe ich durch? Was ist mit mir los? Ich verliere die Kontrolle!*

Vera ist fassungslos. Sie hat das Gefühl, neben sich zu stehen und auf eine Vera zu blicken, die vollständig von außen gesteuert wird. Sie selbst ist nicht in der Lage, dieser Vera zu sagen, was sie zu tun hat. Diese starke Vera, die Vollblutjuristin, ist nicht mehr in der Lage, ihr Büro aufzuschließen. Sie stockt, dreht um und kehrt nach Hause zurück. Dort findet sie Till um 7 Uhr morgens weinend auf dem Sofa. Er erfasst die Situation sofort und gibt Vera ein Beruhigungsmittel. Die nächsten Tage verbringt sie verwirrt in ihrem Zimmer und versucht herauszufinden, was dies alles zu bedeuten hat. Viele Gespräche mit Till führen dazu, dass Vera die Empfehlung von Till ernst nimmt und eine ihm bekannte Psychologin, Sophia anruft und sie um einen Termin bittet.

Zunächst verspricht sich Vera, wie viele von Sophias Klienten, rasche Heilung, damit das Leben auf die gewohnte Weise weitergehen kann. Erst nach einigen Sitzungen beginnt sie zu begreifen, dass ihre Seele schon lange Zeit vor ihrem Körper Stoppsignale geschickt, sie diese jedoch geflissentlich missachtet hat. Sie berichtet auch Folgendes: „Ich habe meine Umwelt im Grunde gar nie richtig wahrgenommen. Ich bin wie eine Traumwandlerin durch mein Leben gegangen und habe einfach funktioniert. Ich bin so mit meinem Ziel beschäftigt gewesen, dass ich weder die Bedürfnisse von meinen Mitmenschen noch von mir selbst je wahrgenommen habe. Ich habe mir ein Ziel gesetzt, dass ich um jeden Preis erreichen wollte. Darauf habe ich meine ganze Energie fokussiert, und sonst hat es nichts anderes mehr gegeben!" Sophia meint: „Ja, Sie können sich sehr stark auf eine Sache konzentrieren und lassen sich wahrscheinlich kaum von irgendetwas ablenken. Neben Ihnen könnte vermutlich die Welt untergehen, und Sie würden das nicht einmal merken. Eine so hohe Konzentrationsfähigkeit ist natürlich auch eine besondere Begabung, die, wenn sie richtig eingesetzt wird, auch sehr nützlich sein kann." Vera meint etwas verlegen: „Ja, schon. Ich wäre beruflich nie so weit gekommen, wenn ich dazu nicht in der Lage gewesen wäre. Dennoch hätte ich den Punkt finden müssen, mich zu lösen. Ich habe im Leben auch viele schöne Stunden verpasst. Ich hätte mit Janik die Selbständigkeit besprechen und ihn in seinem Entscheidungsprozess begleiten können. Stattdessen hat er sich frustriert von mir abgewendet. Natürlich hätte ich viele Stunden mit Till gemütlich vor dem Fernseher oder beim Abendessen verbringen können. Vielleicht wäre auch Robert mit mehr Geduld und besserer Schulung meinerseits eine nützlichere Stütze geworden."

Sophia nickt und denkt laut nach: „Ich vermute, Sie haben vor allem zwei Pole – höchste Konzentration und Leistungsfähigkeit und faules, nichtsnutziges Dasein – in sich und sind zwischen diesen beiden hin und her gependelt. Dabei hätte Ihnen wahrscheinlich eine gelassene und zeitbegrenzte Konzentrations- und Leistungsfähigkeit und ab und zu eine Auszeit und etwas Muße besser getan." Vera stimmt Sophia zu: „Ja, das ist wahr. Ich bin immer mit Vollgas auf der Leistungsschiene gefahren. Aus Angst, mein Geist könnte faul und träge werden, und ich könnte der Gesellschaft nicht mehr nützlich sein. Im Grund habe ich mir Trägheit nur erlaubt, wenn ich krank war, so wie gerade jetzt. In diesem Zustand fühle ich mich auch nutzlos. Möglicherweise habe ich stets versucht, weiter vorwärtszukommen, einzig um aktiv zu bleiben und fit im Geist zu sein. Ich habe mir deshalb ein sehr hohes, vielleicht zu hohes Ziel gesetzt. Auch vielleicht deshalb, um nicht loslassen zu müssen und in ein schwarzes Loch zu fallen. Für mich klingt es nun aber besser, wenn Sie sagen, ich sollte lernen, mich in zeitbegrenzter und gelassener Konzentrations- und Leistungsfähigkeit zu üben. Ich habe nie gelernt, auszuspannen und die Seele baumeln zu lassen. Ich war in ständiger Aktivität. Andauernd fühlte ich mit innerlich angetrieben. Ich habe nebenberuflich die höhere Fachprüfung für den Immobilien-Treuhänder gemacht und daraufhin sogleich den Master of Advanced Studies in Real Estate Management abgeschlossen. Wenn ich so zurückdenke, dann habe ich stets gekämpft, etwas geleistet und mich angetrieben. Wenn Freunde gesagt haben: „Mensch, Vera, wie schaffst du das alles?", habe ich mit den Schultern gezuckt und nichts Besonderes dabei gefunden: „Wieso sollte ich all dies nicht schaffen?" Ich fand dieses Tempo normal! Es gab kaum freie Zeit in meinem Terminkalender. Fast jede Stunde habe ich effizient genutzt. Fehler habe ich bei mir keine geduldet, bei anderen hingegen schon. Ich habe diesen hohen Maßstab nur an mich selbst angelegt. Gelassenes Arbeiten, Zeit für Müßiggang nehmen, das Tempo reduzieren, Fehler annehmen? Wie das wohl geht? Für mich sind das zwar schöne Worte, sie klingen aber auch nach Kontrollverlust. Ich frage mich, wie ich an mir arbeiten und dieses Verhalten verändern kann. Wie arbeitet man gelassen und gleichzeitig konzentriert?"

Sophia lächelt: „Ja, das ist eine sehr berechtigte Frage. Wahrscheinlich ist das Erlernen von zahlreichen fordernden Verhaltensweisen einfacher, als sich in Gelassenheit zu üben und auf ein gewisses Maß an Kontrolle zu verzichten. Ich empfehle für den Anfang, dass Sie jeweils irgendeinen Tag in der Woche festlegen, an dem Sie etwas anderes ausprobieren; egal, ob Sie sich für diesen Tag bewusst entscheiden oder ihn durch das Los oder durch Würfeln bestimmen. An diesem Tag gehen Sie ins Büro und probieren ein neues Verhaltensmuster aus. Sie beschließen, bewusst kleine Fehler in Ihren Rechtsschriften zu belassen und nicht zu korrigieren. Sie werden an diesem Tag auch Roberts Rechtsschriften und Verträge nicht korrigieren, sondern unbesehen weiterleiten. Da die Tage, an denen Sie sich Fehlern gegenüber tolerant zeigen, zufällig gewählt sind, weiß Robert nicht, an welchem Tag Sie dieses Verhalten zeigen und an welchem Tag Sie sich für Ihr altes Verhaltensmuster entschieden haben. Achten Sie auf die Reaktion von Robert. Merkt er überhaupt etwas, und wie reagiert er darauf? Ich kann mir sogar vorstellen, dass die Sache Ihnen Spaß zu machen beginnt. Wenn dem so ist, dann können Sie das neue Verhalten auch an mehreren Tagen in der Woche ausprobieren. Aber seien Sie ja nicht zu oft bestrebt, Fehler zu tolerieren und Roberts Abschriften nicht mehr zu lesen. Robert soll ja schließlich merken, dass Sie noch die Alte sind! Also nehmen Sie sich keinesfalls vor, andauernd das neue Verhaltensmuster zu zeigen! Nach ein paar Wochen schauen wir, was sich hierdurch verändert hat."

Weil Vera beschlossen hat, mehr im Leben dem Zufall zu überlassen, wählt sie für ihre „Fehlerzulasstage" das Los. Anfänglich hat sie – wie sie es ausdrückt – Pech, weil dreimal hintereinander „Muster alt" auf dem gezogenen Zettel steht. Sie hat Fehler bemerkt, welche sie gemäß neuem Muster eigentlich hätte nicht korrigieren wollen, korrigiert sie aber, weil das Los so entschieden hat. Am vierten Tag hat das Los endlich „Muster neu" beschieden. Vera hat sich auf diesen Tag richtig gefreut. Sie lässt Kommafehler und Schreibfehler bestehen und ändert nur die wesentlichen Mängel. Roberts Berichte liest sie nicht durch, sondern gibt sie ihm zurück mit den Worten: „Wird schon in Ordnung sein, Robert, du bist nun ja schon sechs Jahre in dieser Kanzlei tätig!" Robert traut seinen Ohren nicht, hält kurz den Atem an und stammelt ein entsetztes „A b e r …" Vera meint: „Ja?" Daraufhin erwidert Robert nichts, sondern dreht sich auf dem Absatz um, stürmt in sein Büro und schreibt die neue Fassung selbst.

Was ist jetzt los? Das hat sie ja noch nie gemacht! Wie unpraktisch, gerade heute wollte ich früher auf dem Golfplatz sein! Wenn Veras Verhalten zur Normalität wird, dann muss ich womöglich meine Golflektionen etwas später ansetzen!

Mit Spannung zieht Vera jeden Morgen eines ihrer Lose und hofft insgeheim, es würde „Muster neu" darauf stehen. Ihr ist Roberts verdutzter Blick nicht entgangen. Sie hätte ihm noch mehr davon gönnen mögen, doch die folgenden drei Tage waren wieder im „Muster alt" zu absolvieren. Dennoch erlaubt sich Vera, ein paar Patzer stehen zu lassen und Roberts Fassungen nur noch ansatzweise zu korrigieren. *Ist ja um ein Haar mein altes Muster*, denkt sie bei sich. Sie bemerkt, wie rasch Roberts Arbeitsqualität steigt. Er scheint auch mehr Tempo vorzulegen.

Da sehe ich, wie Robert sich verändert. Ich habe also für zwei Personen gearbeitet. Das ärgert mich, wie der mich ausgenutzt hat! Diese Erkenntnis bringt Vera dazu, keine Lose mehr zu ziehen. Sie beschließt, das neue Muster dann zu leben, wann es ihr passt. Am Morgen geht sie aus dem Haus und sagt sich „heute das neue Muster" oder „heute wieder das alte Verhalten".

Mich erstaunt, dass meine Fehler keine Konsequenzen haben. Liest eigentlich irgendein Mensch meine Einsprüche und Verträge? Erstaunlich, wie wenig ich leisten muss, und kein einziger Klient kommt daher und sagt mir: „Miserable Arbeit, Frau Anwältin!"

Vera hat auf diese Weise deutlich mehr freie Zeit zur Verfügung. Denn Robert hat sofort begriffen, dass er seinen Arbeitsstil anpassen muss, und hat seine Golfstunden deutlich reduziert. Vera nutzt die Zeit, um sich mit Sophia eingehend über das Thema „Gelassenheit" zu unterhalten, denn ihr innerer Motor läuft nach wie vor auf vollen Touren. Sophia schlägt ihr eine körpertherapeutische Maßnahme vor. Vera entscheidet sich für Shiatsu und Qigong. So lernt sie, dass ihr Körper nicht nur aus Nerven- und Blutbahnen, sondern auch aus Energiebahnen besteht. Bei der Shiatsubehandlung lernt sie, das veränderte Körpergefühl vor und nach der Behandlung wahrzunehmen. Erstmals bemerkt sie die Verhärtungen in den Schulterblättern, die Anspannung im Unterkiefer und die Steifheit ihres Nackens. Während der Shiatsubehandlungen verfällt Vera jeweils in einen wohltuenden Halbschlaf. Zum ersten Mal bemerkt sie den Zustand der Gedanken- und Schwerelosigkeit. Mit Qigong, welches in Gruppen praktiziert wird, lernt sie ruhige, sehr verlangsamte Körperübungen, die ebenfalls einen meditativen Charakter haben. Schon nach 10 Sitzungen Shiatsu zeichnen sich erste kleine Veränderungen ab. Auch die Trainerin für Qigong bemerkt, dass sich Veras Körperhaltung rasch verändert hat. Ihr Schulterstand ist tiefer geworden, sie zieht die Achseln nicht mehr automatisch gegen die Ohren, und auch ihr Gesicht wirkt offener und entspannter. Die alte Selbstdisziplin und das hohe Pflichtbewusstsein kommen Vera natürlich entgegen. Sie übt ganz selbstverständlich täglich eine halbe Stunde Qigong, was die raschen Erfolge erklärt.

„Verändert sich die äußere Körperhaltung, so verändern sich auch die Gedanken und umgekehrt", meinen beide Therapeutinnen unabhängig voneinander. Auch Sophia bestätigt diese These: „Ja, was innen ist, spiegelt sich außen wider und umgekehrt. Versuchen Sie, traurig zu wirken, in einer aufrechten und erhabenen Haltung oder mit einem Lächeln im Gesicht! Das geht nicht gut. Wenn Sie traurig sein wollen und sich schlecht fühlen, dann sollten Sie sich auch entsprechend gebückt hinstellen, sonst funktioniert das nicht sonderlich gut mit diesem Gefühl. Gelassenheit ist ebenso ein innerer Zustand. Das heißt, die innere Einstellung zur Gelassenheit ist wichtig, und gleichzeitig drücken wir sie über den Körper aus. Dazu muss jeder seine eigene Körperhaltung finden, die für ihn persönlich Gelassenheit ausdrückt."

Till gefällt die Veränderung von Vera. „Mit dir kann ich mich neuerdings ja richtig gut unterhalten! Du hast gelernt zuzuhören, nachzufragen und interessierst dich auch mehr für die Projekte von Janik, ohne deine Hypothesen auf ihn niederregnen zu lassen." Janik schaut wieder viel häufiger bei Vera und Till zu Hause vorbei. Auch er ist voll des Lobes. Nach und nach gibt Vera ihr Ziel, die prominenteste Anwältin in komplexen Immobilienverträgen weltweit zu werden, auf. Es reicht ihr aus, auf diesem Gebiet einfach gute Arbeit zu leisten und in der Schweiz und den angrenzenden Nachbarländern als Spezialistin zu gelten. Hin und wieder begleitet sie Janik zu den Sponsorentreffen nach Basel, Boston, Los Angeles oder Shanghai. Sie erkennt, dass junge Menschen eine andere Art haben, mit Risiken umzugehen, und verfolgt neugierig Janiks Art im Umgang mit möglichen Geschäftspartnern. Sie lernt, sich im Hintergrund zu halten und nur auf Fragen von Janik zu antworten oder bei groben juristischen Verletzungen zu intervenieren. Meist hängt Vera an die Treffen noch ein paar Wochen zusätzlich an und reist allein oder mit Till durch die fernen Länder. Auf dem Rückflug einer solchen Reise lässt sie sich in ihren Sitz fallen und denkt bei sich: *Ich habe um ein Haar aufgrund meines ehrgeizigen Ziels mein Leben verpasst. Hätten mich mein Körper und meine Seele nicht in eine Krise gestürzt, ich würde immer noch auf der Stelle treten und wäre noch der Meinung, ich käme vorwärts. Erst jetzt merke ich, dass ich mich von eigenen Zwängen befreit habe und im richtigen Flug durchs Leben sitze.*

Till sitzt neben ihr und beobachtet Vera schmunzelnd: „Hallo Erde, ich bin's! Vera, du wirkst so besinnlich. Du denkst doch nicht etwa an ein komplexes Vertragswerk?"

Psychologischer Hintergrund der Geschichte

Vera ist ein Erkenntnistyp und hat Angst, nicht perfekt zu sein. Sie strebt nach Leistung und setzt sich dabei äußerst ehrgeizige Ziele. Ihr verbissener Kampf und Höchstleistung und Perfektion gleicht einem zwanghaften Verhalten. Sie könnte dadurch leicht mit einem Ordnungsstrukturtyp verwechselt werden. Die innere Haltung und Leistungsmotivation unterscheidet sich allerdings grundsätzlich von der Motivation des Ordnungsstrukturtyps. Vera strebt nicht nach äußerer Anerkennung, Wichtigkeit und Bewunderung oder Image und Status, sondern sie verfolgt für sich selbst in einer zwanghaften Weise ihr ehrgeiziges Ziel „Mache immer alles schnell und perfekt". Sie setzt den Gütemaßstab selbst und ist vom Urteil anderer viel unabhängiger, als es der Ordnungsstrukturtyp ist. Kritik wirkt auf sie nicht selbstwertbedrohend, sie ist in der Lage, Konflikte auf der Sachebene auszutragen. Allerdings ist Vera überzeugt, dass jede Form von Projekt bis ins Detail geplant werden muss und perfekt abzuwickeln ist. Dies gibt ihr die Sicherheit im Leben, die sie braucht. Während es dem Ordnungsstrukturtyp um die Kontrolle über das Innehaben seiner Position geht, möchte der Erkenntnistyp Kontrolle über die Richtigkeit der Sache haben. So will Vera Fehlerrisiken weitgehend vermeiden. Dieses Verhalten ist auf die Dauer sehr anstrengend. Sie lebt, wie viele Erkenntnistypen extremerer Ausprägung, zwischen den beiden Polen „voller Leistungseinsatz" oder „faules, nichtsnutziges Dasein". Solche Menschen zeigen eine ungeheure Selbstdisziplin und legen oft ein hohes Tempo bei der Arbeit vor. Sie können parallel mehrere Dinge gleichzeitig bewältigen, weil sie sich ebenfalls durch eine sehr gute Konzentrationsfähigkeit auszeichnen. Diese Fähigkeiten führen dazu, dass sie die Aufgaben von anderen gleich auch noch erledigen. Sie gehen ihnen meist leicht von der Hand, und zudem ist ihnen bewusst, dass sie Perfektion nur von sich selbst, jedoch nicht von anderen verlangen können. Dieses Verhalten ist auf Dauer allerdings mit einem erhöhten Risiko, sich zu überfordern, verbunden. Bei Vera haben wir es mit der Kehrseite derselben Medaille von Simon, in der Geschichte „Maulsperre im Schlaraffenland", zu tun. Simon strebt nach Vielfalt, er sucht die Erkenntnis und Weiterentwicklung in der Breite, im Mannigfaltigen. Vera hingegen bewegt sich besonders in einem Bereich in die Tiefe. Simon bewegt sich in seiner Erkenntniswelt sozusagen horizontal und Vera vertikal. Er klammert sich nicht an bestehende Lebensformen, kann mit Fehlern recht locker umgehen und er bricht schnell zu neuen Ufern auf. Vera hingegen braucht eine innere Struktur und Stabilität, an denen sie sich halten kann und die ihr Sicherheit geben. Fehler deuten darauf hin, dass sie sich noch mehr Wissen aneignen muss und sie ihren Bereich noch nicht perfekt beherrscht. Beiden ist jedoch eigen, dass sie ihren Fokus vor allem auf die Sachorientierung legen, sich möglichst viel Wissen aneignen wollen, eine hohe Leistungsbereitschaft zeigen, ein starkes Pflichtgefühl und Autonomiebedürfnis haben und sich in Konfliktsituationen rationalisierend, sachbezogen, pragmatisch und lösungsorientiert verhalten.

Bei der hohen Sachorientierung können allerdings die menschlichen Aspekte verloren gehen. Streng sachorientierte Persönlichkeiten wie Vera fragen nicht nach der Befindlichkeit des Gegenübers. Sie fragen nicht, wie der Urlaub war, nach Hobbys oder anderen persönlichen Dingen. Sie wirken dadurch auf andere, insbesondere auf soziale Typen, trocken, mitunter etwas „autistisch" bis unfreundlich und oft gehetzt. Small Talk ist nicht ihre Sache. Das zu besprechende Thema muss „Hand und Fuß" haben, interessant und entwicklungsfähig sein. Ein Gespräch verfolgt ein klares Ziel. Was will der Gesprächspartner, was genau kann ich dazu beitragen? Dies sind rationale und lösungsorientierte Fragen, die sich Vera im Hinblick auf Janiks Überlegungen zur beruflichen Selbständigkeit sofort stellt. Sobald Vera das Gespräch als „reines Geplänkel" empfindet, schweift sie gedanklich in ihre eigene Welt ab. Erkenntnistypen sind in Unterhaltungen nicht selten geistig abwesend oder ungeduldig, und das Gegenüber merkt rasch, dass das Gespräch zum Punkt und zu einem Ende kommen muss. Die innere Getrieben- und Angespanntheit von Persönlichkeiten dieses Typs kann zu sehr großer innerer Unruhe führen. Diese Menschen können ihre Seele nicht baumeln lassen. Viele von ihnen treiben aus diesem Grund Hochleistungssport und suchen dort – meist vergeblich – Entspannung. Gegen gemäßigte sportliche Aktivität ist nichts einzuwenden, wobei diese Menschen dadurch nur selten innere Ruhe finden. Wie viele Erkenntnistypen, so muss auch Vera lernen, sich in Gelassenheit, Muße und Fehlertoleranz zu üben. Zusätzlich sind körpertherapeutische Maßnahmen bei diesen Charaktertypen hilfreich. Meist merken Erkenntnistypen rasch, dass sie für ihren überaus hohen Ehrgeiz viel Kraft und Energie verbrauchen. Sie sehen ein, dass auch mit einem ruhigeren Auftritt, langsamerem Tempo und höherer Fehlertoleranz die Leistung nicht an Wert verliert. Auch ihre Gesprächspartner können sich dann entspannen und können bessere Unterstützung im Hinblick auf ein gemeinsames Ziel bieten.

3.3 Coaching als Weg zu sich selbst

„… und deshalb sollten wir unsere alten Produkte überarbeiten und anpassen. In der neuen Form sind sie vorteilhafter für unsere Kunden, was wiederum für unsere Verkaufsmitarbeitenden heißt, dass sie sie mit besserem Gewissen ihren Kunden empfehlen und so den Umsatz deutlich steigern können. Die neuen Versicherungsprodukte sind eindeutig nachhaltiger als unsere bisherigen." Mit diesen Worten schließt Daniel sein Referat vor der Geschäftsleitung einer größeren, multinationalen Versicherungsgesellschaft. Er ist überzeugt, dass er seine Argumente einleuchtend und sachlich dargestellt hat. Schließlich hat er sich über Monate über diverse Versicherungsprodukte informiert, mit zahlreichen Spezialisten diskutiert und Marktstudien angestellt, bis er zu dieser kreativen und austarierten Produktpalette gelangt ist. Als er sich setzt, leuchten seine Augen vor Begeisterung und freudiger Erwartung auf die positiven Kommentare. Sein Vorgesetzter hat ihm ja bereits im Vorfeld Mut gemacht und gemeint: „Daniel, diese Produktidee wird unserer Abteilung viel Lob einbringen. Wir werden dem Markt um Längen vorauseilen, und unsere Kunden werden bei uns zufriedener sein als bei der Konkurrenz. Damit werden wir unsere Bonuskasse Anfang des Jahres deutlich aufbessern. Sie wissen ja, was das für Sie bedeutet." Daniel lehnt sich mit leicht geröteten Wangen zurück und beobachtet die Gesichter der einzelnen Geschäftsleitungsmitglieder. *Begeisterung sieht irgendwie anders aus. Sie starren alle mit kühlem Blick auf meine letzte Folie. Alle sitzen sie da mit Pokerfaces! Was sie wohl denken? Mir wird plötzlich so flau im Magen. Ich dachte, ich werde diese Sitzung souverän meistern, doch jetzt merke ich, dass ich nervös werde, was hat das zu bedeuten?*

„Nun ja, Daniel, danke für Ihre Zeit, die Sie hier investiert haben“, sagt als Erster der Vorsitzende, „aber an den bisherigen Produkten verdienen wir mehr, ist das nicht so?“ Daniel ereifert sich: „Nicht langfristig. Es stimmt, dass die Produkte etwas günstiger ausfallen als die bisherigen, doch rechne ich damit, dass der Absatz aufgrund der Kundenzufriedenheit – gemäß meinen dargelegten Prognosen – steigt. Ich denke, dass die Versicherungsberater das neue Produkt auch vermehrt und aktiver anbieten, weil sie selbst viel besser dahinterstehen können.“ Der Vorsitzende grinst: „Daniel, ich dachte, Sie seien Produktmanager in einer seriösen Firma. Das Handlesen überlassen Sie vielleicht eher den Wahrsagern und Esoterikern!“ Diese Aussage wird mit einem allgemeinen und zustimmenden Grinsen der Geschäftsleitungsmitglieder quittiert. „Was denken die anderen Herren hier am Tisch?“, fragt der Vorsitzende mit lockerem Ton in die Runde, wobei sein Blick auf Daniels Vorgesetztem haften bleibt. Dieser fühlt sich sofort angesprochen und meint: „Ich bin ganz Ihrer Meinung, wir sollten hier keine Handleseübung veranstalten und uns vielleicht besser auf die altbewährten Produkte konzentrieren und sie vielleicht nur leicht an den gängigen Markt anpassen.“ „Ich sehe schon, Sie sind am richtigen Platz hier in der Geschäftsleitung. Nicht gleich mit dem Kopf durch die Wand und alles über den Haufen schmeißen“, fährt der Vorsitzende fort, „wie der junge Mann hier! Immer easy kühlen Kopf und den Überblick bewahren, das ist unsere Aufgabe. Und sich nicht im Galopp blindlings ins Verderben stürzen! Sehr gut. Sind sonst noch Fragen?“ Den gesenkten Blicken ist zu entnehmen, dass keine weiteren Wortmeldungen mehr zu erwarten sind.

Trotzdem fasst sich Daniel ein Herz und setzt zu einem Verteidigungsversuch an: „Ich dachte einfach, wir – beziehungsweise der Verwaltungsrat – hätten die Strategie gefasst, alle Produkte von Grund auf zu überarbeiten, weil wir am Markt mit einer veralteten Produktpalette dastehen. Nun verstehe ich offenbar nicht, was vollständig überarbeiten heißt. Eine leichte Anpassung hätte ich in ein paar Tagen vornehmen können; eine grundlegende Überarbeitung dauert länger, und weil wir damit am Markt etwas Neues schaffen, können wir nicht auf bestehende Zahlen zurückgreifen. Daher musste ich mich auf Statistiken und Prognosen stützen. Das hat mit Handlesen aber wirklich nichts zu tun. Ich würde es nützlich finden, wenn Sie mir sagen könnten, was als Nächstes zu tun ist und welche Richtung ich nun einschlagen soll.“ Die Blicke der Geschäftsleitungsmitglieder, insbesondere von Daniels Vorgesetztem, drücken blankes Entsetzen aus, fixieren dann aber sofort die Tischoberfläche. Der Vorsitzende reagiert ungehalten: „Daniel, Ihre Zeit hier ist längst abgelaufen. Legen Sie eine Extrameile für eine erneute Überarbeitung der Produktepalette ein oder verdienen Sie sich Ihr Geld in Zukunft mit Hand- und Kaffeesatzlesen, aber verschwenden Sie nicht unsere Zeit mit ihren vagen Prognosen. Ich werde mich mit Ihrem Vorgesetzten, einem offenbar sehr vernünftigen Menschen, besprechen, ob und was wir von Ihren haltlosen

Fantasien gebrauchen können, was uns nachhaltig weiter bringt. Danke, das war's!" Seine eindeutige Handbewegung verrät Daniel, dass er wortlos und sofort den Raum zu verlassen hat.

Das gibt es doch nicht! Ich habe eine absolut seriöse Arbeit präsentiert. Meine Vorredner haben sich im Gegensatz zu mir mit plakativen Aussagen begnügt und sind mit keinem Wort in die Materie eingedrungen. Ich habe ihre Referate samt und sonders als Schaumschlägerei empfunden. Inhaltsleer, nicht umsetzbar und nur schön dahergeredet. Die Präsentationsunterlagen waren zahlreich und unübersichtlich. Meine dagegen finde ich klar, transparent und zielgerichtet. Nichts wird beschönigt, die Fakten liegen auf dem Tisch, und die Präsentation ist entscheidungsreif. Und trotzdem werden die andern gelobt, und ich werde abgekanzelt. Am meisten enttäuscht mich Christoph, mein Vorgesetzter. Eben noch hat er mich ermutigt, und kaum hat der Vorsitzende gesprochen, vertritt er katzenbuckelnd die gegenteilige Meinung. So eine Wetterfahne! Ob mein Auftritt nun die Kündigung nach sich zieht? Immerhin hat mich der Vorsitzende aus der Sitzung verwiesen, ohne dass mein Projekt auch nur zehn Minuten diskutiert worden wäre. Ich verstehe die Welt nicht mehr!

Als Christoph nach der Sitzung zurück ins Büro kommt, sieht ihn Daniel forschend an. Dieser macht jedoch keine Anstalten, auf den Vorfall zurückzukommen. Er verteilt die Aufträge, die sich aus der Sitzung ergeben haben, an die Abteilungsleiter und hält sich ansonsten Daniel gegenüber bedeckt, wenn auch nicht unfreundlich oder abweisend.

Soll ich ihn ansprechen? Wir können doch das Ganze nicht einfach so stehen lassen. Das muss doch Konsequenzen oder zumindest ein Nachgespräch zur Folge haben. Stattdessen be-

handelt Christoph mich, als hätte ich gar nicht an der Sitzung teilgenommen.

Daniel trägt diese Gedanken ein paar Tage mit sich herum, dann hält er es nicht mehr aus und spricht Christoph auf die Sitzung an: „Die Sitzung vom vergangenen Montag ist nicht gerade rund gelaufen. Ich habe mir das Resultat wesentlich anders vorgestellt. Du nicht, Christoph? Wie geht es denn jetzt weiter?" Christoph antwortet achselzuckend: „Ach, nimm es easy! Der Vorsitzende war ja von Beginn an schlechter Laune, da war mir schon klar, dass da nicht viel zu erwarten ist. Größere Veränderungen sind nicht seine Stärke, da muss man subtil vorgehen. Wenn noch schlechte Laune dazukommt, schweigt man am besten. Dann ist er keinen Argumenten zugänglich." Daniel ist fassungslos: „Ja und was tun wir jetzt?" Wieder zuckt Christoph nur mit den Achseln: „Easy, wir befassen uns erst mal nicht weiter mit dem Produkt und bringen es zu einem anderen Zeitpunkt wieder auf den Tisch." Daniel reagiert misstrauisch: „Und dass ich mich in die Nesseln gesetzt habe, das hat keine Konsequenzen?" Darauf antwortet Christoph gelassen: „Das sehen wir Ende des Jahres bei der Bonusrunde. Wenn unser Bonus deutlich tiefer sein sollte als der der anderen Bereiche, dann könnte das schon mit deinem renitenten Auftritt zu tun haben. Widerworte und Auftragserteilungen von Angestellten an die Geschäftsleitung ist ein No-Go." Mit einem süßsauren Lächeln lenkt Christoph den Fokus auf andere Themen.

Daniel hält den Atem an, was ihm glücklicherweise gleichzeitig die Sprache verschlägt. *Mitdenken ist nicht erlaubt? Meine Widerworte waren Argumente, die ich für mein sorgfältig durchdachtes Projekt ins Feld geführt habe. Ich habe*

Fragen gestellt, die mir nicht beantwortet worden sind. Und das ist den Herren bereits zu weit gegangen?

Daniel arbeitet erst seit zwei Jahren bei diesem Arbeitgeber. Als Physiker und Politologe hat er die ersten Jahre nach der Universität als Doktorand bei einem Professor gearbeitet und sich dann mit Versicherungsmathematik beschäftigt. Dann hat er einige Jahre bei einem kleineren internationalen Versicherer in der Marketingabteilung für Versicherungsprodukte gearbeitet, bis er sich ausreichend ausgebildet gefühlt hat, um sich bei einem großen Versicherungskonzern zu bewerben. Fast ein Jahr lang hat er gebraucht, um sich die firmeneigene Sprache anzueignen. Nicht nur jedes Produkt hat seinen eigenen Namen, auch der Umgang untereinander folgt eigenen Regeln und Spracheigenheiten. Die Regeln sind selbstredend meist ungeschrieben, doch wenn sie verletzt werden, fallen bösartige Worte wie: „Schreibtischtäter und Theoretiker, noch nie in der praktischen Welt gearbeitet? Auf welchem Planet hast du denn bisher gelebt?" Daniel erinnert sich, wie er zum ersten Mal ein Sitzungszimmer reserviert hat. Er hat für vier Personen unbeabsichtigt einen zu großen Raum gewählt und Mineralwasser bestellt. Das hat ihm Schelte von der Chefsekretärin eingetragen: „Die großen Sitzungszimmer sind für Geschäftsleitungsmitglieder reserviert, und das Mineralwasser gibt es nur bei Kundenbesuchen. Dass man dir aber auch jede Kleinigkeit einzeln erklären muss!" Dieser Vorwurf hat bei Daniel Ängste ausgelöst. Hat er sich nachlässig informiert? Im Reglements- und Weisungsordner hat er beim besten Willen keine entsprechende Passage entdecken können. Die ersten drei Monate sind ihm aus solchen und ähnlichen Gründen zur Hölle geworden. Er hat die internen Kommunikationsformen nicht korrekt beachtet. Er hat sich da und dort erlaubt, erst um halb neun ins Büro zu kommen, was mit Kopfschütteln und dem Ausspruch: „Typisch, ehemalige Verwaltungsangestellte und Studiosi arbeiten nicht vor Mittag und nur die Hälfte des Tages!“ quittiert wurde. Zudem hat er rasch gelernt, dass es nicht gut ankommt, den Arbeitsplatz vor sieben Uhr abends zu verlassen, weil man sonst als „Freelancer oder Halbtagsmitarbeiter“ abgestempelt wird. Nun ist noch eine neue Regelung dazugekommen: „Keine Fragen, Anregungen oder Gegenargumente gegenüber Geschäftsleitungsmitgliedern!“ Daniels Selbstwertgefühl ist im Moment angeschlagen, wie er vor sich selbst zugeben muss.

Ich beherrsche nicht einmal mehr die einfachsten Tätigkeiten. Ich kenne die internen Spielregeln nicht, weil sie ungeschrieben sind, und habe immer noch Mühe mit den firmenspezifischen Sprachregelungen. Der Umgang untereinander ist zynisch und oft von Sarkasmus geprägt. Doch dies scheint niemanden zu interessieren. Die meisten nehmen diese Bemerkungen gleichgültig hin und verhalten sich, als ob nichts gewesen wäre. Aber ich kann mich einfach nicht daran gewöhnen. Stelle ich hingegen eine einfache Frage zur Sache, dann reagieren sie beleidigt, demütigen mich und werfen mich aus der Sitzung. Es kommt mir vor, als bewegte ich mich auf einem fremden Planeten. Alle sprechen sie Deutsch oder Englisch, und doch verstehe ich sie nicht, und ich selbst fühle mich unverstanden und nicht gehört. Manchmal vermute ich, dass die andern mir nicht trauen. Es kommt mir vor, als vermuteten sie hinter meinen Äußerungen einen Hinterhalt oder etwas Ähnliches. Ich aber finde, dass ich jederzeit das sage, was ich denke. Mein Ziel ist es, sachlich und transparent zu sein. Christoph hin-

gegen gibt vor, mich zu unterstützen, und lässt mich bei der nächsten Gelegenheit fallen. Das hätte der Vorsitzende durchaus merken können. Er sollte doch wissen, dass wir in der Abteilung solche strategisch wichtigen Produkte vorbesprechen. Es ist doch klar, dass ich nicht einfach eine Präsentation halte, die mein Chef zum ersten Mal hört. Also müsste doch jedermann erkennen, dass er mir in den Rücken gefallen ist. Damit scheint der Vorsitzende der Geschäftsleitung jedoch kein Problem zu haben. Christoph ist ja aus seiner Sicht am „richtigen Platz". Ich als Vorgesetzter hätte Christoph in die Schranken gewiesen. Ich hätte dieses Verhalten nicht goutiert. Lieber die veralteten Produkte verteidigen und daran festhalten als mutig vorangehen und ein gewisses Risiko eingehen? Allerdings habe ich andererseits das Gefühl, wenn es ums Auslandsgeschäft geht, dann wissen sie nicht, wie hoch sie noch pokern sollen. Dann spielen sie doch beinahe Roulette! Dabei verdienen wir im Inland doch gutes Geld und sollten deshalb auch diesen Markt pflegen! Ich verstehe dieses Verhalten nicht. Es entbehrt jeder Logik. Niemand von ihnen hat Versicherungsmathematik studiert, aber mich kanzeln sie ab wie einen Schuljungen. Ich bin schon so weit, dass ich mir selbst nicht mehr traue. Ich schlafe schlecht, fühle mich unnütz und habe den Eindruck, dass mich in meiner Abteilung alle misstrauisch ansehen. Wie gern würde ich das mit jemandem hier besprechen. Doch ich bin mir sicher, dass alle nur darauf warten, dass ich meine Schwäche zeige. Dann können sie erst recht draufhauen. Oder leide ich neuerdings unter Verfolgungswahn?

Es ist nicht der letzte innere Monolog, den Daniel führt. Im Laufe der Zeit ereignen sich immer wieder ähnliche Situationen. Er wundert sich regelmäßig über Beförderungen von Menschen, die er selbst nie eingestellt hätte, und fühlt sich übergangen, da er aufgrund seiner Qualifikation deutlich bessere Chancen hätte haben müssen. Zudem ist nachweisbar, dass er finanziell für das Unternehmen den größeren Beitrag leistet als andere Angestellte, die ihm vorgezogen werden.

„Was mache ich falsch?“, fragt Daniel seine Freundin Isabel. „Keine Ahnung, Daniel, aber ich finde es langsam langweilig, immer nur von deinem Job zu sprechen. Hast du keine anderen Themen mehr?“ Daniel merkt, dass sich seine Gedanken ständig im Kreis drehen. Er fühlt sich ausgelaugt, und seine Arbeit scheint ihm sinnentleert. Normalerweise ist er über Mittag oder am Abend joggen gegangen, doch kann er sich dazu nicht mehr aufraffen. Am Wochenende versucht er, sich zu erholen, indem er sich zurückzieht. „Ich muss mich erholen, sonst überstehe ich die nächste Woche nicht“, führt er als Entschuldigung an. Isabel macht sich zunehmend Sorgen, insbesondere, weil Daniel abends immer mehr Alkohol konsumiert, um schlafen zu können. Als dies auch nichts mehr hilft, greift er fast jeden Abend zusätzlich zu Schlafmitteln. Morgens hingegen quält er sich aus dem Bett. Als Psychologin weiß Isabel, dass dies eine sehr ungünstige Form der Stressbewältigung darstellt und viele weitere Probleme nach sich ziehen kann.

„Ist der Job diese Tortur wert?“, fragt sie. Daniel meint: „Ach, so einen Einbruch hat doch jeder mal im Laufe seiner Karriere. Das gibt sich, wenn ich mich dort erst richtig eingelebt und den Umgang dieser Menschen untereinander verstehen gelernt habe. Schließlich verdiene ich gut, und ich kann an der Stelle noch viel lernen.“ Daraufhin meint Isabel trocken: „Lernen? Was genau hast du denn in den letzten drei Jahren gelernt? Ich habe dich nur immer schimpfen hören." Daniel antwortet dumpf: „Ich arbeite in einem Großkonzern, das habe ich immer gewollt. Ich lasse mich von ein paar dämlichen Chefs nicht unterkriegen. Denen zeige ich, was ich draufhabe. Es gäbe so viel zu verändern, so viele interessante Aufgabenbereiche. Es ist die Größe, die mich fasziniert. Ich muss nur noch eine Weile durchhalten, dann werde ich schon aufsteigen und kann dann vielleicht auch mehr Einfluss auf die Firmenkultur nehmen. Das würde viel bewirken." Isabel antwortet misstrauisch: „Und du meinst, das geht so zackig, wie du dir das vorstellst? So eben mal eine Kultur ändern? Ich meine, eine Kultur gilt ja für ein ganzes Unternehmen, da ist eine Abteilung wie eine Schwalbe, die noch keinen Sommer macht."

Daniel wehrt ab: „Irgendwo muss man anfangen! Nichts tun geht doch auch nicht. Die jetzt herrschende Kultur ist einfach nicht gesund, für niemanden. Ich bin überzeugt, dass auch andere darunter leiden und es bloß nicht zugeben wollen." „Woher weißt du denn, ob sie leiden? Nur weil du den Umgangston nicht toll findest, heißt das ja nicht, dass die anderen ihn ebenso wenig schätzen oder verkraften. Vielleicht wollen andere Typen von Menschen genau diese Kultur? Es gibt schließlich Leute, die arbeiten schon über zwanzig Jahre dort. Ich glaube, du schließt da zu sehr von dir auf andere, mein Lieber. Es gibt psychologische Studien, die besagen, dass die meisten Menschen einer Wahrnehmungsverzerrung unterliegen und meinen, dass das, was sie meinen und empfinden, auch für Dritte gilt." „Du mit deinen psychologischen Studien. Gegen deine theoretischen Kenntnisse komme ich natürlich nicht an! Lass es mich doch wenigstens versuchen!" „Tu, was du tun musst. Aber lass die Finger von Beruhigungsmitteln und Angst lösenden Medikamenten. Mit diesen Medikamenten ist nicht zu spaßen, die machen ziemlich rasch abhängig!"

Daniel schweigt und traut sich nicht zu sagen, dass er solche Medikamente schon längst einnimmt, um sich morgens überhaupt noch aus dem Haus zu wagen. *Wenn ich Abteilungsleiter bin, brauche ich keine Medikamente mehr. Dann kann ich einen anderen Umgangston pflegen und endlich sachorientierte Diskussionen führen. Ich werde beweisen, dass wir auf diese Weise viel weiter kommen, dass wir mit einer neuen, durchdachten Produktstrategie mehr Gewinn erzielen. Wir werden marktfähiger werden. Diese Einsicht wird Schritt für Schritt die gesamte Kultur des Unternehmens verändern.*

Als Isabel eines Morgens zwei leere Flaschen Wein und eine leere Schachtel Schlafmittel im Abfall findet, reagiert sie resolut: „Daniel, tut mir leid. Entweder, du hörst sofort mit diesen Drogen auf und gehst zu einer Psychologin oder einem Psychologen, oder ich verschwinde. Ich ertrage das nicht, wie du dich kaputtmachst. Du kannst arbeiten, wo immer du willst und was immer du gut findest. Aber als Psychologin mit ansehen zu müssen, wie der eigene Partner sich mit Beruhigungsmitteln und Alkohol zuschüttet, überfordert mich. Das mache ich nicht mit!" Diese Drohung wirkt für Daniel wie ein Weckruf. „Also gut, gib mir eine Adresse. Es geht tatsächlich nicht so weiter."

Bereits die ersten Sitzungen bei Sophia sind für Daniel erhellend: „Isabel, du hast recht gehabt! Ich dachte, ich könnte die Unternehmenskultur verändern, weil ich davon ausgegangen bin, dass meine Kollegen dasselbe wollen und sich nur nicht trauen, den Mund aufzumachen. Ich wollte doch tatsächlich den Retter für sie spielen! So habe ich die Geschichte noch nicht betrachtet. Diese Sichtweise ist neu für mich! Ich habe tatsächlich gedacht, ich könnte den Kampf ‚David gegen Goliath' bestehen. Als ob irgendjemand auf mich gewartet hätte! Ich bin ganz schön naiv!" Isabel schmunzelt: „Ich sehe schon, Sophia ist die Richtige für dich. Sie sieht den Tatsachen ins Auge und redet Tacheles. Schön, das freut mich."

„Die Menschen", meint Sophia in einer weiteren Sitzung, „haben unterschiedliche Geschichten, Einstellungen, Empfindungen und Grundwerte im Leben. Ich bin der Meinung, dass wir alle von spezifischen Grundängsten getrieben werden." Daniel reagiert entrüstet: „Das klingt aber nicht grade optimistisch!" „Das mag sein, aber es ist, wie es ist. Wir werden alle mit einer Angst, nämlich der, zu sterben, geboren. Das ist gut so. Denn die Angst hilft zu überleben. Einem Kind wird gelehrt, Angst vor der berühmten heißen Herdplatte zu haben. Das ist doch nützlich, dann verbrennt es sich nicht! Wir springen nicht von zu hohen Türmen, weil wir uns dabei verletzen könnten. Früher hatten die Menschen Angst vor wilden Tieren und waren stets auf der Hut. Heute sind wir nicht ständig diesen Ängsten ausgesetzt, sterben zu müssen. Wir können es uns sozusagen leisten, unsere Angst auf andere Themen zu übertragen.

Zum Beispiel haben einige Menschen Angst, aus einer Gruppe ausgeschlossen zu werden. Sie streben nach Zugehörigkeit, Vertrauen und Liebe. Demzufolge passen sie sich einer Gruppe an, zu der sie gehören wollen, und meiden – wenn immer möglich – Konflikte oder vermitteln zwischen mehreren Parteien. Das ist sinnvoll, weil ein Ausschluss aus einer Gruppe zu archaischer Zeit den Verlust des Schutzes, den die Gruppe bietet, also möglicherweise den Tod, bedeutet hätte. Solche Menschen haben ursprünglich wohl die Betreuung der Kinder und der Schwachen übernommen. Sie waren und sind heute noch darauf bedacht, dass die Gruppe zusammen bleibt und wirken daher integrierend. Heute will dieser Typus Mensch Dinge tun, die der Gemeinschaft von Nutzen sind, sie engagieren sich in der und für die Gemeinschaft und streben nach Harmonie.

Ein zweiter Persönlichkeitstyp ist vor allem auf seine Position in den geltenden Hierarchien bedacht. Diese Menschen fürchten nichts mehr, als ihre Position zu verlieren. Sie definieren sich über eine gesellschaftliche Position, über Status und Macht. Sie wollen andere beeinflussen und lenken. Widerspruch dulden sie kaum, weil Widerspruch als Bedrohung der eigenen Position erlebt wird. Verliert ein solcher Mensch seinen Status, dann verliert er quasi auch sich selbst. Deshalb können Konflikte kaum auf sachlicher Ebene ausgetragen werden. Konflikte münden rasch in Existenzkämpfe und werden auf der persönlichen Ebene ausgetragen oder aber sie entziehen dem Konfliktinhalt durch geschickte Ablenkungsmanöver die Grundlage bzw. sie stellen ein neues, für sie günstigeres Thema in den Vordergrund. Auf der Führungsebene sind das nicht selten die charismatischen Anführer, die sich wohl eher mit Leuten umgeben, die keine unangenehmen Fragen stellen. Diese Menschen erkennt man sehr rasch daran, dass sie eine Gruppe oder Gesellschaft strukturieren, einteilen – also Hierarchien schaffen –, organisieren und Recht setzen. Dieser Typus hat vermutlich seit jeher das Zusammenleben geordnet, die Gesellschaft organisiert und in eine Staatsform gebracht.

Andere Menschen wiederum streben nach Wissenszuwachs und Weiterentwicklung. Dafür benötigen sie viel Autonomie. Sie haben Angst vor Routine, Stillstand und vor Einengung. Sie wollen lernen, weiterkommen, sind pflichtbewusst und sachorientiert. Konflikte tragen sie auf der sachlichen, rationalen Ebene aus und haben kein Problem damit, nicht mehr zu einer Gruppe zu gehören. Die Angst vor Ausschluss steht bei ihnen nicht im Zentrum. Ebenso haben sie wenig Angst davor, ihren Status oder Macht zu verlieren. Sie denken wenig hierarchisch, sondern pragmatisch und lösungsorientiert. Einige von ihnen brauchen innere Struktur, sie erscheinen uns etwas zwanghaft in ihrem Verhalten und bemühen sich um exaktes, vertieftes und fehlerfreies Wissen in einem bestimmten Bereich, andere neigen eher dazu, sich Wissen oberflächlicher, aber dafür breiter anzueignen. Dieser Typus hat vermutlich in früheren Zeiten das Leben angenehmer und effizienter gemacht, zum Beispiel durch Erfindungen wie das Rad oder die Glühbirne. Solche Menschen wollen ein interessantes und vielfältiges Leben haben, dazu benötigen sie viel persönlichen Freiraum. Sie wollen verstehen, ergründen, Neues schaffen und sind manchmal ihrer Zeit voraus.

Natürlich ist das etwas schematisch und vereinfacht. Letztendlich tragen wir alle etwas von allen drei Typen in uns, und jedes Muster birgt seine nützlichen Seiten und seine Schwierigkeiten. Meine Erfahrung zeigt, dass bei jedem Menschen eines der drei Muster stark im Vordergrund steht und ein zweites vielleicht noch maßgeblich vorhanden ist. Das dritte hingegen hat untergeordnete Bedeutung. Wir werden also von einer oder höchstens zwei Grundängsten im Leben geleitet, was für unser Verhalten bestimmend ist. Können wir unsere Bestimmung und unser Streben leben, dann ist die Angst klein. Jeder Mensch entwickelt – ausgehend von der Bewältigung seiner Grundangst – ein spezifisches oder vordergründiges Verhaltensmuster. An diesem erkennen wir, zu welchem Typ er gehört. Können wir unser Streben nicht leben und unser Verhaltensmuster nicht zeigen, zum Beispiel, weil es in einem bestimmten Umfeld keinen Platz hat, nicht verstanden wird oder die Strukturen entsprechend gesetzt sind, dann meldet sich unsere Grundangst. Klaffen innere Motivation bzw. die persönlichen Werte und das äußere Umfeld zu weit auseinander, wird die Angst zunehmen, und wir greifen vielleicht zu Beruhigungsmitteln, Alkohol oder finden möglicherweise auch eine andere, nützlichere Strategie, um mit diesem inneren Konflikt umzugehen …"

Daniel hört genau zu und betrachtet interessiert das Dreieck mit den Typen, das die Psychologin auf ihren Block gemalt hat. „Das ist spannend", sagt er. „Wenn ich das höre, verstehe ich so einiges. Ist es möglich, dass auch ganze Unternehmen einem bestimmten Typ angehören?" Sophia denkt nach. „Ja, ich denke schon. Ich denke, dass verschiedene Unternehmen bzw. Systeme auch verschiedene Typen von Menschen anziehen. Nicht selten arbeiten eher soziale Typen, also jene, die für das Gemeinwohl sorgen und für die Gemeinschaft nützliche Arbeit leisten wollen, eher in sozial orientierten Institutionen. Die Hierarchie ist dort oft flacher und der Führungsstil meist paritätisch. Der Ordnungsstrukturtyp, wie ich die zweite Kategorie, den positionsorientierten Typus nenne, findet sich wohl eher in größeren Konzernen. Dort gibt es ja viele Positionen zu vergeben, worüber sie sich definieren können. Der soziale Status ist dort in einer höheren Position aufgrund des verdienten Geldes recht hoch. Volle Terminkalender und wenig frei verfügbare Zeit sind in der heutigen Zeit Statussymbol. Persönlichkeiten dieses Typs macht eine solche Situation sichtlich wenig Mühe. Im Gegenteil, sie fühlen sich gefragt, definieren hierdurch ihre Wichtigkeit und festigen so ihre Position. Mittlerweile finden wir Menschen dieses Typs auch vermehrt in der Politik, weil die Repräsentationspflichten und die mediale Bedeutung immer größer geworden sind. Der Erkenntnistyp, also jener, der nach Wissenszuwachs strebt, ist, so glaube ich, eher in einem lernenden Umfeld und in der Entwicklung zu finden. Solche Menschen machen sich häufig selbständig, um möglichst frei und keinem äußeren Diktat unterworfen zu sein."

Daniel muss diese Erkenntnisse zuerst einmal verdauen. *Jetzt begreife ich langsam, was ich tun wollte. Ich wollte das Unternehmen, eine Organisation, die Ordnungsstrukturprinzipien folgt, meinen Grundbedürfnissen anpassen. Ich als Einzelner habe mir also tatsächlich eingebildet, diese Organisation müsste nach meinen Bedürfnissen funktionieren. Ich habe sachorientiert argumentiert und damit den Vorsitzenden in der Geschäftsleitung frontal angegriffen, worauf er um seine Position gekämpft und mich vom Platz verwiesen hat. Es ging dabei gar nicht um mein neuentwickeltes Produkt! Das habe ich natürlich nicht kapiert. Ich wollte Leistung zeigen, und er hat mir im Grunde nur zu verstehen geben wollen, dass er hier der Chef ist. Darauf habe ich im Stress mit Leistungssteigerung reagiert, weil ich dachte, das würde meine Situation verbessern! Weit gefehlt. Genau das Gegenteil ist passiert, ich habe ihm nur mehr Angst eingejagt. Die anderen haben diese Sprache verstanden und daher betreten geschwiegen. Ich hingegen spreche tatsächlich für diese Typen eine Art Chinesisch. Und was jetzt?*

Daniel kommt zu folgendem Schluss: „Ich verstehe jetzt, woher meine Ängste kommen. Ich brauche Freiheit, Autonomie und ein Lernumfeld. Ich will morgens vielleicht erst um neun Uhr ins Büro kommen und an einem andern Tag nachmittags um vier Uhr gehen. Vielleicht, weil ich mir Zeit für eine eingehende Marktanalyse am Samstag nehmen will. Ich möchte tatsächlich ein Produkt so gut verstehen, dass ich es weiterentwickeln und exakt den Kundenbedürfnissen anpassen kann. Ich will dann ein Projekt abschließen, um mich einer neuen Aufgabe, einem neuen Projekt widmen zu können. Ich wünsche mir sachbezogene Diskussionen mit anderen gut ausgebildeten Menschen. All dies finde ich in meinem jetzigen Job nicht vor. Heißt das, dass ich kündigen soll, wenn ich gesund werden und bleiben will?" Sophias Antwort ist vorsichtig. „Meine Erfahrung zeigt tatsächlich Folgendes: Passt das Umfeld nicht zum Wesen eines Individuums, dann ist das zumindest eine stressauslösende Situation. Wir können uns nun der Thematik zuwenden, wie wir mit Unterschieden umgehen. Ich meine, Sie verstehen nun, wie Ihr Umfeld funktioniert, von welchen Ängsten und Grundbedürfnissen Ihre Kollegen vermutlich geleitet werden. Sie wissen, dass Sie keinesfalls deren Position angreifen dürfen. Das heißt, dass Sie Kritik anders äußern sollten, als Sie das bisher getan haben. Sie haben gelernt, dass es Ihrem Vorgesetzten nicht in erster Linie um die Sache, um das Gelingen einer Produktstrategie geht, sondern um das Aufrechterhalten seiner Position. Sie können nun lernen, ‚seine Sprache' zu sprechen, auf diese Weise würden Sie besser verstanden und kämen wohl auch eher an Ihr Ziel."

Daniel ist nicht ganz einverstanden: „Das ist doch glatte Manipulation, und ich täusche dabei etwas vor, was ich nicht wirklich bin und denke!" Sophia lächelt: „Daniel, wir manipulieren immer, sobald wir auftreten und uns zeigen. Wie wir uns hinstellen, welche Mimik und Gestik wir äußern, wie wir uns kleiden und was wir sagen, all dies manipuliert und beeinflusst unser Gegenüber. Natürlich manipulieren wir! Als unethisch empfinde ich Manipulation erst dann, wenn ich jemanden zu etwas bringe, das er von sich aus nie tun würde, jemanden also zu einer Handlung veranlasse, die seinem Wesen, seiner Einstellung oder seinem Vorhaben widerspricht." Mit dieser Definition kann sich Daniel einverstanden erklären. Sophia fährt fort: „Es ist doch günstig, wenn Sie mit einem Engländer Englisch sprechen, weil er Sie dann besser versteht, als wenn Sie mit ihm Deutsch reden, oder nicht?" Daniel bejaht dies. „Sie können nur etwas verändern, wenn Sie sich verändern. Zu erwarten, dass der andere merkt, was Sie brauchen, könnte wohl länger dauern und in Frustration enden ..."

Daniel lächelt. „Mein Vorhaben kommt mir immer absurder vor, je länger ich darüber nachdenke! Das bedeutet aber, dass ich mir im Beruf sozusagen eine Fremdsprache aneignen muss. Anstelle von ‚Wir haben veraltete Produkte und die Aufgabe, eine neue Strategie zu entwickeln, was ich hiermit getan habe' sollte ich sagen: Das bisherige Produkt hat sich bestens bewährt, daher steht unsere Firma am Markt ja auch so gut da. Ich habe dieses Produkt nun easy angepasst, damit wir unsere Marktfähigkeit nachhaltig weiter steigern können und Sie sich als Vorsitzender der Geschäftsleitung am Markt als Trendsetter und als aufgeschlossen, proaktiv und kundenorientiert positionieren können.' Wie klingt das in Ihren Ohren?" Sophia lacht: „Ausgezeichnet! Sie lernen schnell! Das wäre die Sprache, die in diesem Kontext vermutlich verstanden würde. Sie haben das Bedürfnis nach Positionierung in den Vordergrund gestellt und die Produktentwicklung als Mittel zum Zweck gebraucht. Sie haben deren Lieblingsworte wie „easy" und „nachhaltig" eingebaut, die ihnen offenbar vertraut sind und deshalb gut verstanden werden. Ich schätze, dass dies funktionieren würde. Testen Sie es, Sie haben ja nichts zu verlieren! Lernen Sie, eine andere Sprache zu sprechen und die Leute in Ihrer Umgebung bei ihren Bedürfnisse abzuholen, statt sie zu ängstigen und zu verwirren!"

Daniel probiert es aus. Zunächst bei seinem Vorgesetzten, der sofort aufmerksamer zuhört. Dieser findet, dass die Zeit gekommen sei, ein angepasstes Produkt in der Geschäftsleitungssitzung vorzustellen, und wählt als Referenten Daniel aus. Daniel schmunzelt und nimmt sich vor, gerade die Probe aufs Exempel zu machen. Er präsentiert inhaltlich dasselbe Produkt, wie beim ersten Mal, bloß mit neuen, sprachlich angepassten Folien und in der neu erworbenen Redensart. Er bemerkt, dass die Aufmerksamkeit der Geschäftsleitungsmitglieder deutlich höher ist als beim letzten Mal. Er gewinnt innerlich an Zuversicht und schließt sein Referat mit folgendem Satz: „Ich sehe dieses Produkt nachhaltig als Marktrenner. Es wird unsere Firma von der Konkurrenz deutlich abheben, und Sie werden damit als Vorsitzender und als gesamte Geschäftsleitung beim Verwaltungsrat gute Karten haben und als proaktiv, modern, ja sogar easy als Trendsetter am Versicherungsmarkt wahrgenommen werden!" Der Vorsitzende blickt erstaunt zu Daniel und meint: „Seht her, was aus unserem Kaffeesatzleser noch geworden ist! Ein bisschen eins auf den Deckel hat Ihnen wirklich nicht geschadet, mein Lieber. Sie haben eine schöne Extrameile eingelegt und sich gemausert! Ich bin soweit mit Ihnen einverstanden bis auf einen Punkt: Ich werde *allein* beim Verwaltungsrat mit dieser neuen Produktentwicklung antreten! Schließlich war es easy *mein* Verdienst, dass Sie es doch noch zu einem nachhaltigen Projektabschluss gebracht haben!"

Psychologischer Hintergrund der Geschichte

Daniel ist ein Erkenntnistyp und hat Angst vor Autonomieverlust und Stillstand. Er ist bestrebt, eine Sache – wie zum Beispiel ein Produkt – genau durchzudenken und weiterzuentwickeln. Dabei handelt er vorausschauend und ist streng der Sache verpflichtet. Konflikte trägt er über die sachliche Ebene aus und hat dabei nicht primär Angst vor Ausschluss oder Positionsverlust. Daniel denkt nicht hierarchiebezogen, denn er wagt es sogar, einem Vorsitzenden in der Geschäftsleitung eines Großkonzerns – also dem CEO eines börsennotierten Unternehmens – zu widersprechen und seine Argumente zu verteidigen. Dass dies nicht gut ankommt, verwirrt ihn. Er merkt, dass er nicht dieselbe Sprache spricht und sich in Konflikten nicht behaupten kann. Aufgrund des dadurch entstandenen Stresses reagiert Daniel, wie für Erkenntnistypen typisch, mit Steigerung seiner Leistung und dem inneren Antrieb: „Mach mehr, schneller, besser, genauer, effizienter!" Gerade dieser Mechanismus ist fatal im Umgang mit Ordnungsstrukturtypen, die sich aufgrund Daniels guter Fachkenntnisse und seiner Effizienz in ihrer Position bedroht fühlen. Bei Sophia lernt Daniel einen neuen Umgang mit diesen Persönlichkeiten. Er lernt, dass seine Strategie, mit Stress zurechtzukommen, exakt den wunden Punkt von ausgeprägten Ordnungsstrukturtypen trifft. Beide Parteien reagieren aufgrund der jeweiligen Verhaltensmuster frustriert und haben das Gefühl, nicht verstanden, sondern verletzt zu werden.

Wir meinen schnell, dass die Chemie nicht stimmt oder der andere zynisch ist und uns Böses will. Diese Geschichte zeigt, dass dem nicht unbedingt so ist. Oftmals treffen derart unterschiedliche Grundbedürfnisse aufeinander, dass eine Begegnung zu scheinbar unüberwindbaren Schwierigkeiten führen kann und mindestens eine Partei sehr darunter zu leiden beginnt. Daniel hat gelernt, die Bedürfnisse seines Gegenübers zu erkennen und zu respektieren, ohne diese akzeptieren zu müssen. Er beginnt, sich darauf einzustellen, und merkt, dass er mit demselben Projekt aufgrund seiner neu erworbenen Haltung beim CEO durchdringt. Ob Daniel sich in diesem Umfeld langfristig behaupten kann und seine Kraft und seine innere Motivation hierzu ausreichend sind, ist fraglich. Täglich bewusst auf andere Bedürfnisse Rücksicht zu nehmen und die Sprache entsprechend anzupassen, dürfte langfristig sehr kräfteraubend sein.

Allerdings soll diese Geschichte zeigen, dass wir scheinbar unüberwindbare menschliche Schwierigkeiten doch überwinden können, indem wir uns bewusst machen, welche Ängste und Bedürfnisse in unserem Gegenüber schlummern. Wir können allerdings nicht erwarten, dass unser Gegenüber das Gleiche tut. Die Kontrolle darüber, was wir verändern können, liegt nur in und bei uns selbst. Diese Geschichte soll jenen Menschen Mut machen, die einen Beitrag leisten möchten, mit verschiedenen Grundeinstellungen nutzbringend umzugehen. Sie können zu Brückenbauern zwischen unterschiedlichen Weltbildern, Denkmustern und Kulturen werden.

4

Die drei Persönlichkeitstypen, ihre spezifischen Konfliktsituationen und Lösungsstrategien

Konflikte bedeutet für jeden von uns Stress. Oft entstehen sie, weil Menschen grundsätzliche Bedürfnisse haben, die von anderen nicht beachtet, unterschätzt oder gar verletzt werden. Die menschlichen Grundbedürfnisse hängen meines Erachtens mit Grundängsten zusammen. Unsere Grundängste wiederum warnen vor gefährlichen Situationen mit dem Ziel, den menschlichen Organismus zu schützen und sein Überleben zu sichern. Wir alle versuchen, Ängste möglichst zu vermeiden oder zu unterdrücken, und entwickeln entsprechende Strategien, damit sie uns im Alltag nicht belasten. Natürlich trägt jeder Mensch Elemente aller Typen in sich, und kein Typ ist besser oder schlechter als der andere. Allerdings habe ich im Umgang mit meinen Klienten festgestellt, dass bei den meisten Menschen eines dieser Verhaltensmuster dominant ist und vielleicht noch ein zweites zusätzlich vorliegt. Das dritte Muster ist immer deutlich untergeordnet und kommt kaum zum Vorschein.

Eine Grafik zur Übersicht des Typendreiecks findet der Leser im Anhang dieses Buches.

4.1 Der soziale Typ und seine Vermeidungs- und Vermittlungsstrategie

Das Konfliktpotenzial des sozialen Typs

Soziale Typen haben Angst, ausgeschlossen zu werden. Ausschluss aus einer Gruppe bedeutet in archaischen Gesellschaftsformen den Tod. Zwar müssen wir heute in unserer westlichen Zivilisation nicht mehr sterben, wenn uns eine Gruppe ablehnt, dennoch steht bei sozialen Typen diese Form der Angst im Vordergrund. Es erstaunt deshalb nicht, dass der soziale Typ das Grundbedürfnis entwickelt, von einer Gruppe akzeptiert, geliebt, aufgenommen und anerkannt zu werden. Er versucht auch Dritte zu integrieren und Streit zu schlichten. Damit bringt er sich – stets um die Harmonie bemüht – in die Position eines Vermittlers.

Als Reaktion auf Konflikte können wir bei jenen Menschen Unterwerfung oder Überanpassung an den Konfliktpartner beobachten. In der Geschichte „Ein pensionierter CEO lehrt den Tanz" gibt Erich sein Bestes, um die Wünsche seiner Frau Eva zu erfüllen. In vorauseilendem Gehorsam ist er bereit, seine Wünsche und Ansprüche hinter jene von Eva zurückzustellen. Er fragt sich erst gar nicht, wie seine eigenen Wünsche und Ansprüche aussehen. Auf diese Weise vermeidet er Konflikte mit Eva. Persönlichkeiten wie Erich brauchen Anerkennung und Zuspruch von anderen.

Auch das Gefühl, in eine große Gruppe eingebunden zu sein, ist für den sozialen Typ wichtig, wie für Sandra mit ihren 250 Followern in der Geschichte „Hilfe, mein Stern verglüht".

Bei der Arbeit ist es für diese Menschen von Bedeutung, dass sie auch über private Dinge berichten können. Typisches Konfliktpotenzial besteht zum Beispiel im Umgang mit dem streng sachorientierten Erkenntnistyp. Dieser betritt morgens das Büro, redet nicht lange um den heißen Brei herum, sondern kommt direkt zur Sache. Er ist sich nicht bewusst, dass er damit einen sozialen Typ vor den Kopf stoßen kann. In der Geschichte „Freie Fahrt durch das Leben" kritisieren sowohl Veras Geschäftspartner Robert als auch ihr Stiefsohn Janik unabhängig voneinander, dass sie von Vera nicht wahrgenommen würden und sie keinen Sinn für Small Talk habe. Persönlichkeiten wie Robert und Janik fühlen sich durch die Nüchternheit und das ehrgeizige Verhalten des Erkenntnistyps nicht ernst genommen. Auf diese Weise können Missverständnisse und Konflikte entstehen, wobei keiner der beiden Typen dafür die Verantwortung trägt. Es prallen einfach zwei unterschiedliche Weltbilder aufeinander.

Soziale Typen, vor allem Frauen, die gelernt haben, sich unterzuordnen und anzupassen, laufen mit diesem Grundbedürfnis nach Zugehörigkeit Gefahr, dass sie von Ordnungsstrukturtypen ausgenutzt und manipuliert werden. Die Geschichte „Der Klient, der seine Psychologin mit einem Firmengründer verwechselte" zeigt in eindrücklicher Weise auf, in welch missliche Situation sich Renate mit Franz gebracht hat. Soziale Typen tun also gut daran, zu lernen, für ihre Meinung und Bedürfnisse einzustehen und eventuell dadurch entstehende Konflikte auszuhalten und mutig auszutragen.

Innere Muss-Sätze des sozialen Typs

„Rette die Welt!“, „Ich bin immer für alle da!“, „Ich löse alle Probleme der anderen!“, „Ich mache allen alles recht!“, „Sei kein Egoist!“, „Sei stark und beschütze andere!“, „Hilf!“, „Werde geliebt!“, „Enttäusche niemanden!“ sind häufige innere Muss-Sätze des sozialen Typs, die ihn längerfristig überfordern können.

Gute und entlastende Sätze und Fragen sind: „Zu wem gehört dieses Problem?“, „Ich bin ich, und du bist du!“; „Bitte schaue freundlich, wenn ich meinen eigenen Weg gehe und für mich sorge!“, „Ich mute dir dein Schicksal zu!“ „Woran merkst du, dass gerade ich dir bei deinem Thema helfen kann?“.

Lernfelder des sozialen Typs

Soziale Typen können lernen, ihre persönlichen Bedürfnisse ernst zu nehmen und gut für sich zu sorgen. In meiner Praxis erlebe ich immer wieder, dass sich diese Klienten erst dann die Erlaubnis geben, sich um sich selbst zu kümmern, wenn sie krank und erschöpft sind. Bis zu diesem Punkt sind sie um das Wohl der anderen besorgt und lösen deren Probleme, zum Teil auch ungefragt, oft in grenzüberschreitender Weise. Das heißt, sie handeln anstelle des anderen, ohne genau zu wissen, ob der dies auch wünscht. Soziale Typen gehen häufig davon aus, sie wüssten, was andere brauchen. Dies gilt es, zu verifizieren, indem sie nachfragen.

Zudem sollten sie sich bewusst sein, dass Konflikte heilend sein können und nicht unbedingt zum Ausschluss aus einer Gruppe führen. Wenn sie zu sich stehen und ihre Meinung vertreten können, fällt es ihnen auch leichter, nein zu sagen. Weil sie sich dann nicht mehr so oft für andere aufopfern, verlieren sie nicht so viel Energie. Wenn andere schlechte Laune haben, sollten sie dies nicht auf sich beziehen. Es gibt viele verschiedene Gründe, warum der andere einen schlechten Tag hat. Niemand kann für das Glück des anderen zuständig sein. Soziale Typen sollten lernen, dass es nicht egoistisch, sondern auch lebenswichtig ist, wenn sie gut für sich selbst sorgen und das Leben nach ihren eigenen Vorstellungen und Prinzipien leben!

4.2 Der Ordnungsstrukturtyp und seine Kampf- und Ablenkungsstrategie

Konfliktpotenzial des Ordnungsstrukturtyps

Ordnungsstrukturtypen haben Angst, ihre Position in einem System zu verlieren. Viele identifizieren sich fast ausschließlich über ihre Position. Daraus entwickeln sie die Verhaltensweise, für Recht und Ordnung zu sorgen und Organisationsstrukturen zu bauen. Dies gibt ihnen die Kontrolle über ihre Position. In archaischen Gesellschaften sind sie wohl jene Menschen, die dem System Gesetze geben und sie auch durchsetzen. Sie bringen damit Ordnung in eine vielleicht noch unorganisierte Gemeinschaft.

Ihr Konfliktpotenzial ist dann am höchsten, wenn jemand versucht, ihnen ihre Position streitig zu machen. Verlieren sie ihre Position, dann verlieren sie auch ihre Identität, wie es bei Christine in der Geschichte „Mutter sucht neue Herausforderung“ der Fall ist. Für sie kommt der Verlust der Position als Familienoberhaupt der Vernichtung ihrer Existenz gleich. Sie schafft es aber, sich neu zu orientieren und zu erkennen, dass sie eine von ihrer bisherigen Position unabhängige Persönlichkeit besitzt.

Schwerer hat es Daniel in der Geschichte „Coaching als Weg zu sich selbst“. Er bewegt sich als Erkenntnistyp in einer Kultur von Ordnungsstrukturtypen. Die Vorstellung seines Projekts in einer Geschäftsleitungssitzung wird als Kritik am Status quo aufgefasst, was großes Missfallen auslöst. Ordnungsstrukturtypen misstrauen dem Kritisierenden und unterstellen ihm – bewusst oder unbewusst – einen Angriff auf ihre Autorität, Position und damit auf ihre Persönlichkeit. Die sachorientierten Erkenntnistypen haben hingegen weniger ein Problem damit, wenn sie kritisiert werden. Geraten sie an einen Ordnungsstrukturtypen, sind sie sich daher kaum bewusst, dass auch noch so sachlich angebrachte Kritik von ihnen als Angriff auf ihre Persönlichkeit aufgefasst wird. Auf diese Weise entsteht – von außen betrachtet – ein Machtkampf, da sich der Ordnungsstrukturtyp existenziell bedroht sieht. Er reagiert deshalb mitunter zynisch, schneidend, angreifend bis hin zu persönlich verletzend auf einen Erkenntnistyp. Dieser wiederum wird verwirrt sein, weil er bloß am Fortgang eines Projekts oder am guten Gelingen einer Sache interessiert ist. Der Erkenntnistyp wird mit höherer Leistungsbereitschaft reagieren und mit weiteren Argumenten und vielen neuen

Informationen versuchen, den Ordnungsstrukturtyp von seinem Anliegen zu überzeugen. Dieses Verhalten bringt jedoch den Ordnungsstrukturtyp erst recht in Bedrängnis. Er wechselt in dieser Situation oft das Thema und stellt eine für ihn vorteilhaftere Fragestellung zur Diskussion. Oder aber, er zitiert Regeln, um dem Konflikt ein Ende zu bereiten und dem Gegenüber die Grundlage für weitere Diskussionen zu entziehen. Das bringt ihm allerdings häufig den Ruf eines Technokraten ein.

Innere Muss-Sätze des Ordnungsstrukturtyps

„Ich muss immer stark und souverän sein!", „Ich muss immer recht bekommen!", „Sei nie schuld!", „Behalte immer die Kontrolle!", „Setze dich durch!", „Werde immer anerkannt und respektiert!", „Erreiche eine wichtige Position!", „Werde von allen bewundert!" sind häufige innere Muss-Sätze des Ordnungsstrukturtyps, die ihn längerfristig überfordern können.

Gute und entlastende Sätze sind: „Ich bin ich, und ich bin wie ich bin, und so wie ich bin, ist es gut!", „Ich vertraue mir!", „Ich habe genügend stabile Fähigkeiten!", „Ich habe Vertrauen zu mir und auch zu dir!", „Ich habe viel erreicht, und das kann mir keiner nehmen!".

Lernfelder des Ordnungsstrukturtyps

Der Ordnungsstrukturtyp sollte lernen, sich der verschiedenen Facetten seiner Person bewusst zu werden. Er tut gut daran, zu erkennen, dass er unabhängig von der Funktion oder Position in einer Gesellschaft überleben kann. Er ist nicht untrennbar mit einer Position verbunden, sondern hat viele überdauernde Fähigkeiten und zusätzliche Eigenschaften zu bieten. Er sollte unabhängiger vom Urteil Dritter werden und lernen, sich selbst und anderen zu vertrauen. Obwohl der Ordnungsstrukturtyp nach außen meist sehr souverän und stark auftritt, neigt er nicht selten zu einer destruktiven Selbstentwertung.

4.3 Der Erkenntnistyp und seine sachorientierte, rationalisierende und lösungsorientierte Strategie

Konfliktpotenzial des Erkenntnistyps

Der Erkenntnistyp hat ein ausgeprägtes Bedürfnis nach Entwicklung und strebt nach Unabhängigkeit. Er ist leistungsorientiert, gut von anderen Menschen abgegrenzt, schnell, verantwortungsbewusst und sachbezogen. Er hat Angst vor Stillstand, Routine und Einengung. Wird er also in seiner Freiheit eingeschränkt oder verpflichtet, Routine auszuhalten, dann entsteht ein Konfliktpotenzial. Dieser Typ hat wenig Angst vor zwischenmenschlichen Konflikten und kann deshalb auch sehr gut nein sagen. Er trägt Konflikte – aus seiner Sicht – nach rationalen Kriterien auf der Sachebene aus und bietet rasch Lösungsvorschläge an. Dadurch gerät er leicht sowohl mit dem sozialen Typ als auch mit dem Ordnungsstrukturtyp in konfliktträchtige Situationen, wenn auch aus unterschiedlichen Gründen. Der soziale Typ hat Angst vom Erkenntnistyp nicht anerkannt und überrollt zu werden und fühlt sich dadurch unverstanden, nicht abgeholt und ausgeschlossen. Der Ordnungsstrukturtyp bekommt Angst um seine Position und reagiert daher oftmals ungehalten, abwertend oder zitiert Regeln und Gesetze.

Vor allem auf Wissensbreite ausgerichtete Erkenntnistypen haben nicht selten unstete Karriereverläufe, weil sie an vielen Dingen Interesse zeigen. Doch im mittleren Lebensalter wird ihnen bewusst, dass sie zwar vieles erlebt und gesehen, aber nirgends „angekommen" sind. Das soziale Umfeld spiegelt ihnen dies unter Umständen auch mit den Aussagen: „Wann weißt du endlich, was du im Leben willst?" Dies kann wie in der Geschichte „Maulsperre im Schlaraffenland" zu inneren Konflikten führen. Unstetig zu sein, ist auch in der heutigen Zeit noch keine Tugend. Angekommen zu sein, wäre aber für den Erkenntnistyp fatal! Genau dies würde seinem innersten Bedürfnis nach Entwicklung und Neuausrichtung widersprechen. Mit diesem Dilemma werden viele Erkenntnistypen mindestens einmal im Leben konfrontiert. Im mittleren Lebensalter beginnt deshalb häufig eine berufliche oder auch private Neuausrichtung. Der Wunsch, dass all ihre verschiedenen Lernstränge zusammenkommen sollen, wird wach. Einen Beruf zu haben, bei dem man aus den bisher gemachten Erfahrungen schöpfen und daraus Neues schaffen kann, ist eine große Herausforderung für sie. Viele finden diese in der beratenden Selbständigkeit, in oberen Positionen der Verwaltung oder in Verbänden.

Etwas im Gegensatz dazu erscheinen jene Erkenntnistypen, die sich auf die Wissenstiefe spezialisieren und sich eher durch ein zwanghaftes, ja mitunter sogar durch ein etwas rigides Verhalten auszeichnen. Sie verbleiben bei entsprechenden Freiheiten und möglichem Wissenszuwachs innerhalb ihres Gebietes unter Umständen sehr lange an derselben Arbeitsstelle. Ihr Streben nach Autonomie und Wissenszuwachs, sowie auch das sach- und lösungsorientierte Konfliktbewältigungsmuster kennzeichnen sie dennoch als Erkenntnistypen.

Zum Thema Karrierewechsel im mittleren Lebensalter gehört auch die Frage nach eigenen Kindern. Weibliche Erkenntnistypen sind häufig irritiert, keinen Kinderwunsch zu haben. Es ist kein Zufall, dass viele meiner Klienten, welche dem Erkenntnistyp angehören, sich nicht für Kinder entscheiden. Etwas verlegen meinen sie: „Es hat irgendwie nie richtig gepasst, weil immer gerade etwas anderes Thema war …" Kinder brauchen – mindestens zu Beginn – Routine. Sie haben ihr eigenes und sicher langsameres Tempo und engen den Erkenntnistyp daher stark in seinem Bedürfnis nach Freiheit und Unabhängigkeit ein. Da es sich um ein existenzielles Grundbedürfnis des Erkenntnistyps handelt, sollte man den Erkenntnistyp nicht als Egoisten abtun. Er braucht die Freiheit, wie die Luft zum Atmen. Keine Kinder zu wollen, ist eine Entscheidung, die oftmals viel Schmerz bereitet und harte Auseinandersetzungen mit dem Partner bedeutet. Auch für diesen Typ beinhaltet diese Entscheidung häufig einen sehr hohen Preis, auch wenn das bei Anna in der Geschichte „Maulsperre im Schlaraffenland" nicht der Fall ist.

Innere Muss-Sätze des Erkenntnistyps

„Mach immer alles richtig!", „Mach schnell und handle perfekt!", „Du kannst es besser!", „Lerne und entwickle dich!",

„Bleib niemals stehen!“, „Gehe vorwärts!“, „Schaffe Neues!“, „Nur, was Kraft kostet, ist etwas wert!“ sind häufige innere Muss-Sätze des Erkenntnistyps, die zur Überforderung führen können. Dieser Typ vermag es kaum, erreichte Ziele zu genießen und sich zu belohnen, schon bricht er mit viel Elan und Tempo zu neuen Ufern auf.

Gute und entlastende Sätze sind: „Mit genießender Gelassenheit schaue ich auf mein bisher Erreichtes – es ist alles da!“, „Ich lasse los und warte, was das Leben bringt!“, „Es passiert, wie es passiert, und ich habe meine Kraft hineingegeben, und das wird sich für mich lohnen!“, „Ich stehe in meiner Kraft und betrachte meine Fähigkeiten – sie sind alle da!“, „Ich schöpfe gelassen aus meinem Teich der Erfahrungen!“, „Ich habe einen Stein ins Wasser geworfen, und ruhig schaue ich zu, wohin die Wellen gehen“, „Und manchmal darf das Gute ganz einfach gelingen!“.

Lernfelder des Erkenntnistyps

Bei Konflikten – auch auf sachlicher Ebene ausgetragen – ist Umsicht geboten. Oftmals ist dem Erkenntnistyp nicht bewusst, dass er sich wie der berühmte „Elefant im Porzellanladen“ verhält. Der Erkenntnistyp sollte also sein Tempo dem anderen anpassen, nicht den zweiten Schritt vor dem ersten tun, auf Verletzlichkeiten des anderen achten und nicht vorschnelle Lösungen präsentieren. Die beiden anderen Charaktertypen sind längst nicht so sach- und lösungsorientiert wie er selbst!

Zum sozialen Typ sollte er zunächst ein Klima des Vertrauens herstellen, bevor er Kritik anbringt. Vielleicht ist es sinnvoll, den sozialen Typ zunächst nach seinem Wochenende zu fragen oder sich mit ihm über andere, vielleicht private Dinge zu unterhalten, anstatt mit der Tür ins Haus zu fallen. Er sollte lernen, das vielleicht langsamere Tempo des anderen aufzunehmen und auszuhalten, dass das Gegenüber vielleicht noch zu gar keiner Lösung bereit ist, sondern zunächst nur durch Besprechen Ordnung in seine Gedanken bringen will. Beim Ordnungsstrukturtyp gilt es, die Hierarchie sorgfältig zu beachten und keinesfalls anzutasten, so wie es Daniel in der Geschichte „Coaching als Weg zu sich selbst" zum Schluss getan hat.

Das hohe Tempo, die hohe Leistungsbereitschaft, Selbstdisziplin und das Interesse, die Sache bis ins letzte Detail ergründen und verstehen zu wollen, überfordern den Erkenntnistyp von zwanghafter Struktur auf längere Sicht, wie es Vera in der Geschichte „Freie Fahrt durch das Leben" ergangen ist. Erkenntnistypen empfehle ich deshalb häufig, körperorientierte Verfahren wie Akupunktur, Kraniosakraltherapie, Shiatsu, Yoga oder Qigong auszuprobieren und regelmäßig anzuwenden. Sie sollten innere Ruhe finden, damit sie gesund und leistungsfähig bleiben können.

Anhang: Fragebogen

Selbsttest: Welches Konfliktmuster habe ich?

Kreuzen Sie jene Antwort an, die Ihnen spontan am zutreffendsten erscheint. Bitte jeweils nur **eine** Antwort ankreuzen.

Frage 1
Was macht Ihnen am meisten Freude?
1. ❑ Jeden Tag Neues lernen
2. ❑ Mit Menschen zusammen sein
3. ❑ Sich durchsetzen, recht haben

Frage 2
Was stresst Sie am meisten?
1. ❑ Einschränkung des Handlungsspielraums im Sinne einer Beeinträchtigung der persönlichen Weiterentwicklung
2. ❑ Zwischenmenschliche Konflikte
3. ❑ Unkontrollierbare Situationen

Frage 3

Was stresst Sie am meisten bei der Arbeit?

1. ❑ Zeitdruck, das heißt, das Gefühl zu haben, komplexe Themen nicht in Ruhe durchdenken zu können, bevor zu handeln ist
2. ❑ Sich gegen andere durchsetzen müssen; Entlassungen aussprechen
3. ❑ Ernstzunehmende Konkurrenz

Frage 4

Was ist für Sie am ehesten eine Belohnung?

1. ❑ Ein spannendes und vielfältiges Leben haben
2. ❑ Anerkennung von Mitmenschen erhalten
3. ❑ Viel Geld und gesellschaftlichen Status haben

Frage 5

Welche Strategie bevorzugen Sie für die Bewältigung von Konfliktsituationen?

1. ❑ Ich gehe sie direkt an und versuche, eine Lösung herbeizuführen
2. ❑ Ich tausche mich mit Freunden und/oder der Familie aus, um mir Klarheit zu verschaffen
3. ❑ Ich wechsle das Thema und stelle ein anderes in den Vordergrund, welches für mich vorteilhafter ist

Frage 6

Wie wichtig ist Ihnen, eine gute Position in der Gesellschaft zu haben?

1. ❑ Wichtig
2. ❑ Gar nicht wichtig
3. ❑ Sehr wichtig

Frage 7

Haben Sie Ihre Karriere konsequent geplant?

1. ❑ Eher nicht; ich habe keine geradlinige Karriere gemacht
2. ❑ Nein, Karriere ist mir nicht wichtig
3. ❑ Ja, auf jeden Fall

Frage 8

Welches Lebensprinzip steht Ihnen am nächsten?

1. ❑ Gestalten, entwickeln, Neues kreieren
2. ❑ Vertrauen und Liebe leben
3. ❑ Einfluss haben und ein System lenken

Frage 9

Wie gehen Sie mit Routinearbeit um?

1. ❑ Wenn ich zu viel davon habe, sehe ich mich nach einer neuen Stelle um
2. ❑ Wenn die Arbeitsatmosphäre stimmt, nehme ich sie in Kauf
3. ❑ Wenn diese Arbeit der Karriere dient, gehört sie dazu und wird wie alles andere auch erledigt

Frage 10

Was gibt Ihnen am meisten Energie?

1. ❑ Ich beschäftige mich mit verschiedenen interessanten Dingen und lebe das Leben im jetzigen Moment
2. ❑ Das private Umfeld, Familie
3. ❑ Ich suche Herausforderungen, die mich von unangenehmen Dingen ablenken

Frage 11

Trennen Sie Arbeit und Freizeit?

1. ❑ Die Aufteilung von Arbeit und Freizeit erachte ich als künstlich. Ich sehe das Leben als ein Ganzes, wo alles ineinander fließt.
2. ❑ Ja, ich versuche, so gut es geht, Beruf und Freizeit zu trennen
3. ❑ Nein, ich fühle mich da, wo ich etwas beeinflussen kann, am wohlsten. Das kann beruflich oder privat sein

Frage 12

Inwiefern bedeutet Zeitdruck bei der Arbeit für Sie Stress?

1. ❑ Zeitdruck stresst insofern, als dass gehandelt werden muss, ohne vorher ausreichend nachdenken zu können. Die Dinge können nicht mehr fundiert angegangen werden
2. ❑ Zeitdruck stresst insofern, weil ich dadurch weniger Zeit für mein soziales Umfeld habe
3. ❑ Zeitdruck verleiht mir Flügel, denn wichtige Leute stehen unter Zeitdruck

Frage 13

Was bedeutet es Ihnen, eine Familie zu haben?

1. ❑ Es ist mir nicht wichtig, ob jemand biologisch mit mir verwandt ist. Eine Familie zu haben, bedeutet für mich vor allem, dass Menschen freiwillig in eine enge Beziehung zu mir treten wollen und mich mit ihrem Wissen bereichern, wir also in engem Austausch stehen

2. ❑ Sie unterstützt mich in meinen Vorhaben emotional und praktisch. Ich finde es schön, eigene Kinder zu haben und sie aufwachsen zu sehen
3. ❑ Sie gibt mir Struktur und bringt Ordnung in mein Privatleben. Es ist befriedigend für mich, eigene Kinder zu haben, die mein Erbe und Erbgut weitertragen

Frage 14

Wie erleben Sie Konkurrenz?

1. ❑ Ich lerne von jedem gerne, der mehr oder anderes weiß als ich
2. ❑ Solange eine gute Zusammenarbeit möglich ist, interessiert mich dieses Thema nicht
3. ❑ Als eine Herausforderung, gegen die es anzutreten und zu gewinnen gilt

Frage 15

Welcher Satz stimmt für Sie am ehesten?

1. ❑ Ich will so viel Welt wie möglich in mein Leben hereinholen
2. ❑ Die Welt geht nicht unter, wenn ich am Ostersonntag nicht in die E-Mails schaue
3. ❑ Choose the battle you want to win

Frage 16

Welcher Satz stimmt für Sie am ehesten?

1. ❑ Das Leben ist zu kurz, um irgendetwas Blödsinniges zu machen
2. ❑ Ich nehme jeden Menschen unabhängig von seiner Kultur ernst und schenke ihm mein Vertrauen

3. ❑ Ich will am Schluss meines Lebens eine Art Bauwerk errichtet haben. Es soll etwas Nachhaltiges sein, das meinen Stempel trägt

Frage 17
Würden Sie in bestimmten Situationen einen Coach aufsuchen?
1. ❑ Nur, wenn ich dort etwas lernen könnte
2. ❑ Ja, kann ich mir gut vorstellen
3. ❑ Nein, das kann ich mir nicht vorstellen

Frage 18
Welcher Begriff charakterisiert Sie am ehesten?
1. ❑ Pionier („Gestalter")
2. ❑ Vertrauter („Integrationsfigur")
3. ❑ Macher („Systemregulierer")

Frage 19
Welche Aussage trifft am ehesten auf Sie zu?
1. ❑ Menschen, die ständig von alten Zeiten reden, sind mir ein Gräuel. Ich vermeide Leute, die nicht nach vorne sehen und keine Perspektiven haben
2. ❑ Ich will mich zugehörig zu einer Gruppe fühlen und vermeide tiefgreifende zwischenmenschliche Konflikte
3. ❑ Ich will mich auszeichnen und kämpfe dagegen an, zu den Durchschnittsmenschen zu gehören

Frage 20
Welche Aussage trifft am ehesten auf Sie zu?
1. ❑ Ich kann sehr lebendig erzählen und habe auch ein gewisses schauspielerisches Talent

2. ❑ Ich zeige selten, wenn mich jemand ärgert. Ich bin eher der Typ, der sich um Harmonie und Ausgleich bemüht
3. ❑ Ich habe ein großes Organisationstalent. Komme ich in eine Gruppe, so führe ich rasch einheitliche Abläufe und Strukturen ein

Frage 21

Welche Aussage trifft am ehesten auf Sie zu?

1. ❑ Ich habe Angst, dass ich im Leben irgendwann an einen Punkt komme, an dem kein Fortschritt, keine Entwicklung mehr möglich sind
2. ❑ Ich habe Angst, dass mich meine Gruppe, zu der ich mich zugehörig fühlen will, ausschließt
3. ❑ Ich habe Angst, im Sumpf der gewöhnlichen Menschenmasse unterzugehen, nicht als jemand Besonderer bemerkt und anerkannt zu werden und so vergessen und/oder vernachlässigt zu werden

Frage 22

Geraten Sie in einen Konflikt dann …?

1. ❑ … trage ich ihn auf der Sachebene aus und suche rasch nach vernünftigen Lösungen
2. ❑ … versuche ich zu schlichten oder ihn zu negieren
3. ❑ … werde ich rasch wütend und lenke vom Thema ab

Frage 23

Welche Aussage trifft am ehesten auf Sie zu?

1. ❑ Ich langweile mich beim Zuhören schnell und bin nur dann ganz Ohr, wenn mich das Thema begeistert und ich etwas lernen oder einen substanziellen Beitrag leisten kann

2. ❑ Ich rede gerne und verwickle meine Gegenüber in längere Gespräche
3. ❑ Ich rede gerne über Themen, von denen ich mehr weiß als andere

Frage 24
Welche Aussage trifft am ehesten auf Sie zu?
1. ❑ „Mach schnell und sei perfekt!"
2. ❑ „Sei für alle da und hilf!"
3. ❑ „Behalte die Kontrolle über andere!"

Frage 25
Welche Aussage trifft am ehesten auf Sie zu?
1. ❑ „Gehe vorwärts und bleib nicht stehen!"
2. ❑ „Sei kein Egoist!"
3. ❑ „Sei nie schuld!"

Frage 26
Was ist am ehesten Ihr persönliches Lernfeld?
1. ❑ Mich in innerer Gelassenheit üben
2. ❑ Konflikte aushalten
3. ❑ In mich und meine Fähigkeiten zu vertrauen

Frage 27
Welches sind am ehesten Ihre Stolpersteine im Leben?
1. ❑ Andere mit meinem Tempo zu überrollen
2. ❑ Meine eigenen Bedürfnisse zu erkennen und ernst zu nehmen
3. ❑ Meine Abhängigkeit von positiven Fremdbildern

Frage 28

Ich kann besonders gut …

1. ❑ … nein sagen und meine Bedürfnisse formulieren
2. ❑ … mich in andere hineinversetzen
3. ❑ … recht bekommen

Frage 29

Ich möchte, dass mich Leute am ehesten …

1. ❑ … für zuverlässig und verantwortungsbewusst halten
2. ❑ … mir das Gefühl geben, zu ihnen zu gehören
3. ❑ … mir das Gefühl geben, mich zu respektieren und meine Regeln einzuhalten

Frage 30

Ich möchte, dass mich Leute keinesfalls …

1. ❑ … einengen und mir Vorschriften machen
2. ❑ … mich ablehnen und mich nicht nützlich finden
3. ❑ … mich kritisieren und mir zu nahe treten

Auswertung

Zählen Sie die Kreuze bei 1, 2 und 3 getrennt zusammen. Wievielmal haben Sie die 1, 2 oder 3 angekreuzt? Sie können die Zahl in die untenstehenden Kreise (Abb. A.1) schreiben und sehen, welchen Typ sie am häufigsten angekreuzt haben. Die meisten Menschen gehören einem oder höchstens zwei Grundtypen an (Abb. A.2).

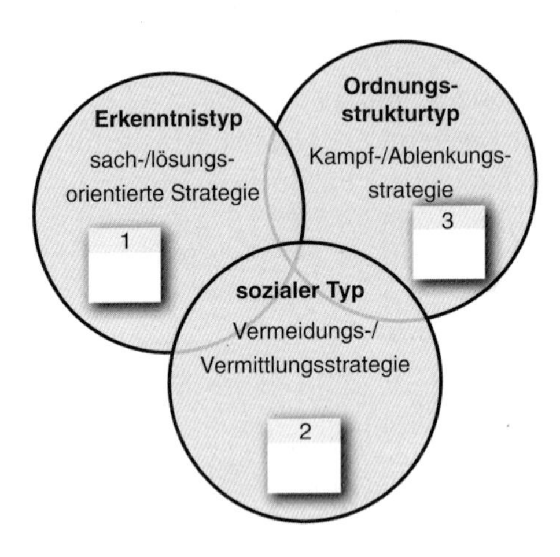

Abb. A.1 Auswertung des persönlichen Konflikttyps

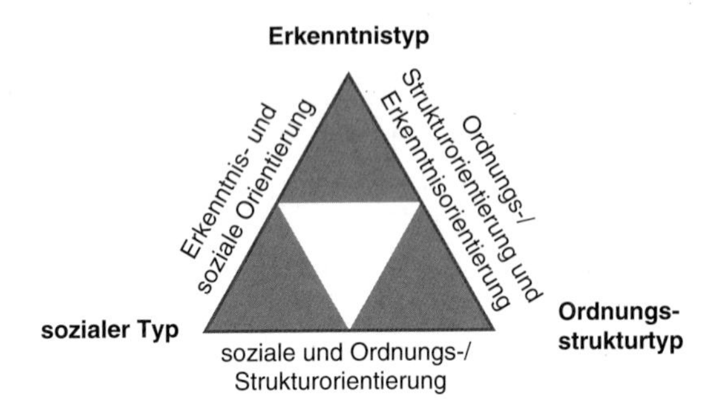

Abb. A.2 Typendreieck in Form eines Sierpinski-Dreiecks

Weiterführende Literatur

Antonovsky, A. (1979). *Health, Stress and Coping*. San Francisco: Jossey-Bass.

Barlow, D. (2004). *Anxiety and its disorders. The nature and treatment of anxiety and panic*. New York: The Guilford Press.

Brühlmann, T. (2011). *Begegnung mit dem Fremden. Zur Psychotherapie, Philosophie und Spiritualität menschlichen Wachsens*. Stuttgart: W. Kohlhammer

Byung-Chul, H. (2005). *Was ist Macht*? Stuttgart: Reclam.

Craske, M. (1999). *Anxiety disorders. Psychological approaches to theory and treatment*. New York: Basic Books.

Davison, G., Neale, J., & Hautzinger, M. (2007). *Klinische Psychologie*. Weinheim: Beltz.

Dilling, H., & Freyberger, H. (2006). *Internationale Klassifikation psychischer Störungen (ICD-10): Mit Glossar und diagnostischen Kriterien ICD-10: DCR-10*. Bern: Hans Huber.

Enzler Denzler, R. (2005). *Berufliche Zielqualität und Stressempfinden bei älteren Arbeitnehmern – eine Untersuchung im Finanzdienstleistungsbereich*. Universität Zürich.

Enzler Denzler, R. (2009). *Karriere statt Burnout. Die Drei-Typenstrategie der Stressbewältigung für Führungskräfte*. Zürich: Orell Füssli.

Enzler Denzler, R. (2011). *Keine Angst vor Montagmorgen. Gelassen in die neue Arbeitswoche*. Zürich: Orell Füssli.

Fabian, E. (2010). Anatomie der Angst. Ängste annehmen und an ihnen wachsen. Stuttgart: Klett-Cotta.

Ferrari, E. (2011). *Führung im Raum der Werte. Das GPA-Schema nach SySt*. Aachen: Ferrarimedia.

Fiedler, P. (2007). *Persönlichkeitsstörungen*. Weinheim: Beltz.

Foerster, H., von & Pöksen, B. (2008). *Wahrheit ist die Erfindung eines Lügners*. Gespräche für Skeptiker. Heidelberg: Carl-Auer.

Foucault, M. (2005). Subjekt der Macht. In D. Defert, & F. Ewald (Hrsg.). *Analytik der Macht* (S. 240-263). Frankfurt a. M.: Suhrkamp.

Frankl, V. (2006). *…trotzdem Ja zum Leben sagen*. Deutscher Taschenbuch Verlag: München.

Han, B.-Ch. (2005). *Was ist Macht*? Stuttgart: Reclam.

Hell, D. (2002). *Seelenhunger*. Freiburg: Herder.

Hell, D. (2006). *Welchen Sinn macht Depression? Ein integrativer Ansatz.* Reinbek: Rowohlt.

Hell, D. (2007). *Depression. Was stimmt*? Freiburg: Herder.

Hillert, A., & Marwitz, M. (2006). *Die Burnout-Epidemie – Brennt die Leistungsgesellschaft aus*? München: Beck.

Hüther, G. (2009). *Biologie der Angst. Wie aus Stress Gefühle werden.* Göttingen: Vandenhoeck & Ruprecht.

Jung, C. G. (1995). *Die Archetypen und das kollektive Unbewusste (9/1).* Düsseldorf: Walter.

Jung, C. G. (1999). *Praxis der Psychotherapie: Beiträge zum Problem der Psychotherapie und zur Psychologie der Übertragung (16).* Düsseldorf: Walter-Verlag.

Kypta, G. (2006). *Burnout, erkennen, überwinden, vermeiden.* Heidelberg: Carl Auer.

Lippmann, Eric (2013). *Identität im Zeitalter des Chamäleons: Flexibel sein und Farbe bekennen.* Göttingen: Vandenhoeck & Ruprecht.

Loehr, J., & Schwartz, T. (2003). *Die Disziplin des Erfolgs. Von Spitzensportlern lernen – Energie richtig managen.* München: Econ.

Morschitzky, H. (2008). *Die Angst zu versagen und wie man sie besiegt.* Mannheim: Patmos.

Riemann, F. (2009). *Grundformen der Angst. Eine tiefenpsychologische Studie.* München: Reinhardt.

Satir, V. (2004). *Kommunikation, Selbstwert, Kongruenz – Konzepte und Perspektiven familientherapeutischer Praxis.* Paderborn: Junfermann.

Satory, G. (1997). *Angststörungen. Theorien, Befunde, Diagnostik und Behandlung.* Darmstadt: Wissenschaftliche Buchgesellschaft.

Schlippe, A., von & Schweitzer, J. (2007). *Lehrbuch der systemischen Therapie und Beratung.* Göttingen: Vandenhoeck & Ruprecht.

Schmid, W. (2007). *Mit sich selbst befreundet sein.* Frankfurt a. M.: Suhrkamp.

Schütz, D. (2008). *Herr der UBS. Der unaufhaltsame Aufstieg des Marcel Ospel.* Zürich: Orell Füssli.

Somm, M. (2009). *Christoph Blocher. Der konservative Revolutionär.* Herisau: Appenzeller.

Sparrer, I. (2006). *Systemische Strukturaufstellungen. Theorie und Praxis.* Heidelberg: Carl-Auer.

Stegmüller, W., & Varga von Kibéd, M. (1984). *Strukturtypen der Logik.* Berlin: Springer.

Steiner, V. (2007). *Energy. Energiekompetenz. Produktiver denken. Wirkungsvoller arbeiten. Entspannter leben.* München: Knaur.

Storch, M., & Krause, F. (2005). *Selbstmanagement – ressourcenorientiert.* Bern: Huber.

Varga von Kibéd, M., & Sparrer I. (2005). *Ganz im Gegenteil. Tetralemmaarbeit und andere Grundformen Systemischer Strukturaufstellungen – für Querdenker und solche, die es werden wollen.* Heidelberg: Carl-Auer.

Volkan, V., & Ast, G. (2002). *Spektrum des Narzissmus.* Göttingen: Vandenhoeck & Ruprecht.

Watzlawick, P. (2006). *Wenn du mich wirklich liebtest, würdest du Knoblauch essen – Über das Glück und die Konstruktion der Wirklichkeit.* München: Pieper.

Weitmann, A. (2010). *Madoff. Der Jahrhundertbetrüger. Chronologie einer Affäre.* Zürich: Orell Füssli.

Zeitler, H., & Pagon, D. (2000). *Fraktale Geometrie – Eine Einführung.* Wiesbaden: Vieweg.

Adressen und Links

Autorin: http://www.psylance.ch

Berufsverband für Supervision, Organisationsberatung und Coaching (BSO): http://www.bso.ch

Körpertherapieangebote:
http://www.craniosacraltherapie.ch

http://www.mediqi.ch
http://www.shiatsuverband.ch
Stressabbau und Stressprävention am Arbeitsplatz (stressnostress):
http://www.stressnostress.ch/Start/start.htlm.
Zentrum für Angst- und Depressionsbehandlung Zürich (ZADZ):
www.zadz.ch